基于"职业教育改革实施方案"和"提质培优"的烹饪品牌专业建设系列教材

西式面点制作基础

主　编　李国明　梁　莹　毛永幸
副主编　彭任林　张洁媛　梁惠华　黄　怡

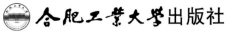

合肥工业大学出版社

图书在版编目(CIP)数据

西式面点制作基础/李国明，梁莹，毛永幸主编.—合肥：合肥工业大学出版社，2023.6
ISBN 978-7-5650-6288-9

Ⅰ.①西… Ⅱ.①李… ②梁… ③毛… Ⅲ.①西点—制作 Ⅳ.①TS972.132

中国国家版本馆CIP数据核字（2023）第096968号

西式面点制作基础

李国明　梁　莹　毛永幸　主编　　　　　　责任编辑　毕光跃

出　版	合肥工业大学出版社	版　次	2023年6月第1版
地　址	合肥市屯溪路193号	印　次	2023年6月第1次印刷
邮　编	230009	开　本	787毫米×1092毫米　1/16
电　话	理工图书出版中心：0551-62903204	印　张	10
	营销与储运管理中心：0551-62903198	字　数	243千字
网　址	press.hfut.edu.cn	印　刷	安徽联众印刷有限公司
E-mail	hfutpress@163.com	发　行	全国新华书店

ISBN 978-7-5650-6288-9　　　　　　　　　　定价：50.00元
如果有影响阅读的印装质量问题，请与出版社营销与储运管理中心联系调换。

前　言

为贯彻落实党的二十大精神，培养具有社会主义核心价值观，勇于创新的高素质、高技能人才，编者按照现代西式面点岗位群的基础能力要求，参照餐饮行业西点标准编写了本书。本书以学生为主体，"岗课赛证"综合育人，注重专业精神、职业精神、工匠精神和劳模精神的有机融入，以培养学生达到具备岗位胜任能力和综合素质提升的目标。

本书内容深入浅出，准确反映企业真实工作任务、工艺流程和技术规范等，同时融入新技术、新工艺、新规范、新标准。全书主要有以下特点。

（1）内容结构清晰，编排合理。本书采用模块化、任务式的框架结构。模块类别、任务内容具有基础性和代表性，能够使读者清晰理解西式面点制作基础的理论知识和技能构成，进一步明确学习目标。

（2）任务编写内容完善，理实一体。书中每个任务均通过八个环节层层递进，程序明确，以够用、实用的理论知识促进技能的理解和提升，夯实读者的知识基础。

（3）任务评价主体多元，标准明晰，易于操作。书中每个任务的学习评价采用学生自评、小组互评、教师评价、企业导师评价等方式，评价内容贯穿任务全过程，评价方式简单明了，实现有效评价和及时评价。

（4）图文并茂，直观易懂。书中每个任务的操作步骤都以图文表示，并配有视频资源，方便读者直观学习和反复观看。

（5）"岗课赛证"融通。编者将西式面点师岗位技能要求、职业技能竞赛、职业技能等级证书标准相关内容有机融入书中。

（6）课程资源齐全。本书的每个任务均配备了微课、课件、教案，满足"做中学，学中教"的一体化教学需求。

本书根据西式面点职业活动分析，以工作任务为载体，确定了五个模块，每个模块由若干任务组成，每个任务由八个环节组成，分别是任务情境、任务目标与要求、知识准备、任务实施、任务拓展、任务评价、岗课赛证、巩固提升。本书建议授课84课时（见下表），由于地域差异，教师使用本书时可根据本校实际情况适当调整。

表　本书建议授课学时分配表

模块	教学内容	建议课时
一	蛋糕类	20
二	面包类	16
三	饼干类	16
四	挞、派类和泡芙	16
五	冷冻甜点类	16

本书由李国明、梁莹、毛永幸主编，参与编写的还有彭仕林、黄怡、张洁媛、田妃妃、黄武健、梁惠华、何凤萍和南宁伊制味食品有限责任公司西点团队、广西华枫酒店餐饮管理公司西点团队。其中，毛永幸负责本书整体的框架搭建，内容的编写指导和审稿；张洁媛负责编写全书中的思政导读、任务情境部分；梁莹和黄怡负责编写全书的任务目标与要求；李国明、田妃妃、黄武健共同负责编写全书中的知识准备部分和任务实施、任务拓展部分；彭仕林与何凤萍共同负责编写全书中的任务评价部分；梁惠华负责编写全书中的巩固提升部分；南宁伊制味食品有限责任公司西点团队和广西华枫酒店餐饮管理公司西点团队提供了产品配方、参与了制作过程的指导。

在本书的编写过程中，编者参阅了众多专家、学者的相关文献，参考了互联网上的有关资源，在此一并表示感谢。

由于时间仓促，加上编者水平有限，书中肯定存在不足之处，还望广大读者提出宝贵的意见及建议，欢迎发送邮件至1755884@qq.com与我们联系，以便再版时进一步完善。

编　者
2023年5月

目 录

模块一　蛋糕类

思政导读

　　随着人民生活水平的提高，居民消费能力的增强，蛋糕市场越做越大，品种越来越丰富。同学们在蛋糕类模块学习中，务必扎实掌握基本知识，牢固掌握基础技能，才能在今后的工作岗位上本领过硬，不出纰漏。在西点师、蛋糕师、裱花师等岗位上要发挥精益求精的工匠精神，完成好蛋白霜的打发、全蛋糊的打发、面糊的调制、蛋糕的烘烤等环节，保证蛋糕的出品稳定、精致，满足顾客的需求。大家要充分认识到，作为职业人，专注、敬业、责任、担当是我们完成好本职工作应尽的义务。

任务一　制作海绵蛋糕

微课1　海绵蛋糕

任务情境

　　酒店西饼房承接着酒店大大小小的各类任务，琪琪在一家酒店西饼房实习。通过前期师傅的教授，琪琪基本掌握了海绵蛋糕的制作。前台得知明天是小客人乐乐的生日，客房部想送上生日蛋糕作为惊喜和礼物，向西饼房预订。西饼房师傅让琪琪独立完成这项任务。

任务目标与要求

　　制作海绵蛋糕的任务目标与要求见表1-1-1所列。

表1-1-1　制作海绵蛋糕的任务目标与要求

工作任务	制作一个符合企业标准的8寸圆形海绵蛋糕坯
任务目标	1. 了解海绵蛋糕的原料特点及性质； 2. 能够正确判断全蛋糊的打发程度； 3. 能够熟练运用全蛋搅拌法制作表皮金黄、无褶皱、柔软且具有弹性的海绵蛋糕坯； 4. 掌握分工合作技巧，培养团队合作精神
任务要求	1. 选用适合的蛋糕原料及器具； 2. 将全蛋糊打发至体积膨大，颜色变白，气泡细小且均匀，如缎带般流下呈折叠状的完全打发状态； 3. 使用搅拌机将全蛋面糊拌至面糊产生光泽、看不到粉类原料且具有流动性的状态； 4. 蛋糕烤至表皮色泽金黄，无褶皱，无萎缩，柔软且具有弹力； 5. 个人独立完成任务； 6. 操作过程符合职业素养要求和安全操作规范； 7. 产品达到企业标准，符合食品卫生要求

知识准备

海绵蛋糕因内部组织类似多气孔似海绵而得名，国内称为清蛋糕，国外称为乳沫蛋糕，具有色泽金黄、质地松软而富有弹性的特点。海绵蛋糕以鸡蛋、糖、面粉以及少量的油为基础材料，通过全蛋和糖的打发，拌入大量空气，进而烘烤时蛋糕内部产生蒸汽压力，使蛋糕体积起发，形成膨胀松软的糕体。海绵蛋糕分为全蛋海绵蛋糕和分蛋海绵蛋糕两种。全蛋海绵蛋糕运用全蛋搅拌法制作，是将全蛋和糖打发后加入面粉和其他原料制作而成；分蛋海绵蛋糕是将蛋清和蛋黄分别打发再与面粉及其他原料混合制作而成。

一、原料及工具

（一）原料

1. 鸡蛋

鸡蛋（图1-1-1），西点制作常用原料之一。鸡蛋比重略大于水，蛋白呈弱碱性，其营养丰富，含有人体必需的氨基酸。它由蛋壳、蛋白、蛋黄3个主要部分构成。各构成部分的比例，由于产蛋季节、鸡的品种、饲养条件、鸡蛋的大小等不同而异。一般蛋壳占10%左右，蛋白占60%左右，蛋黄占30%左右，一个中等大小的鸡蛋约重60g，其中蛋壳10g左右，蛋白30g左右，蛋黄20g左右。

鸡蛋在西点制作中的作用如下：

（1）改变制品口感。鸡蛋中的蛋白对热极敏感，受热到62℃以上便凝结变性，会使制品更加耐嚼并富有韧性。

（2）蛋黄具有乳化性，可以促进油脂与液体的融合，能使面团更加光滑，有利于增大体积，并使产品质地更加柔软。

图1-1-1 鸡蛋

（3）增加制品体积。搅打蛋液过程中会包裹住大量空气，在烘焙中空气遇热膨胀，有助于面糊膨发。

（4）增加制品水分。蛋液中固形物的含量约占25%，水分约占75%。

（5）增加制品香味。加入鸡蛋制作的产品蛋香味浓郁。

（6）提升制品营养价值。鸡蛋中富含优质蛋白质和卵磷脂。

（7）增加制品色泽，蛋黄赋予面团和面糊黄色。蛋黄受热容易变成褐色，进而增强制品外表的色泽。

图1-1-2 细砂糖

2. 细砂糖

细砂糖（图1-1-2），是从甘蔗或甜菜中提取出来的，其纯度很高，蔗糖含量在90%以上。细砂糖为粒状晶体，色泽洁白，品质纯净，晶粒细小均匀，质地细软，味甜。

细砂糖在西点制作中的作用如下：

（1）作为面点制作中一种重要的辅助原料，细砂糖是面点制品甜味的主要来源。它在改善中式面点制品的色香味形、调节面筋的胀润度、调节发酵速度、提高制成品营养价值等方面均有着重要的作用。

（2）细砂糖用于制作水分含量少而又要求有一定的甜度的产品，如酥皮、松酥皮等，也可以用于制品表面，以增加制品的口感并起到装饰的作用。

3. 色拉油

色拉油（图1-1-3），是指各种植物原油经脱胶、脱色、脱臭（脱脂）等加工程序精制而成的高级食用植物油。常温下一般呈液态，质地清晰、润滑、有光泽。色拉油主要用作凉拌菜、酱料、调味料的原料油。

图1-1-3 色拉油

色拉油在西点制作中的作用如下：

（1）改善制品的色、香、味、形及组织结构，提高制品的营养价值。

（2）可用做煎、炸点心的加热介质。

（3）可用于馅料及皮料的调制，以增加香味、风味与制品的营养价值。

图1-1-4 低筋面粉

4. 低筋面粉

低筋面粉（简称低粉，又叫蛋糕粉）（图1-1-4），是指水分含量13.8%左右、粗蛋白质含量9.5%以下的面粉。低筋面粉是由小麦加工而成的，颜色较白，通常用来制作蛋糕、饼干、小西饼点心、酥皮类点心等。低筋面粉筋力小，制成的蛋糕特别松软，体积膨大，表面平整，且低筋面粉含蛋白质、碳水化合物、铁和多种维生素，具有养心、益肾、除热等功能。

5. 蛋糕油

蛋糕油（图1-1-5），又称蛋糕乳化剂或蛋糕起泡剂。海绵类蛋糕英文是Sponge cake，因为蛋糕油是主要用于海绵蛋糕的乳化剂，行业中把蛋糕油叫作SP。

图1-1-5 蛋糕油

蛋糕油在蛋糕制作中的作用如下：

（1）打得快：短时间内即可将蛋浆打成泡沫，一般快速搅拌时间在3～4分钟，全过程7～10分钟。

（2）发得高：烘烤出的蛋糕体积与不使用SP蛋糕油相比，使用蛋糕油的蛋糕体积可以增大15%左右。

（3）组织细腻：烘烤出来的海绵蛋糕组织结构细腻，内部气孔均匀，口感好。

（4）稳定快捷：制作蛋糕时，加入蛋糕油后，操作快捷、简便、失败率低。

（二）工具

1. 台式打蛋机

打蛋机通常分为手持打蛋机和台式打蛋机（图1-1-6），用途广泛，可用来打发鲜奶油、

图1-1-6 台式打蛋机

图1-1-7 刮刀

图1-1-8 面粉筛

图1-1-9 搅拌盆

黄油、蛋清和全蛋等。搅拌机的功率越大，搅拌的力度越大，搅拌的时间越短。手持打蛋机，功率一般为150W～300W，可搅拌少量食材，适合家用。台式打蛋机功率较大，搅拌食材较多时使用，适合商用。在制作西点时根据需求选择适合的打蛋机。

2. 刮刀

刮刀（图1-1-7）用硅胶、橡皮等胶质材料制成，一般用来搅拌面糊、奶油等液态材料，其材质比较柔软，可把黏在器具上的材料刮干净。耐高温的橡皮刮刀，可以用来搅拌热的液态材料。

3. 面粉筛

面粉筛（图1-1-8）用于过筛面粉，可使面粉在使用时不结块，以免在搅拌过程中形成小疙瘩，确保蛋糕的口感细腻。在制作蛋糕、面包、饼干时，十分重要的一步是将面粉或与面粉混合的粉状体（如可可粉、泡打粉、糖粉、吉士粉等）过筛。面粉筛的网孔有大小之分，网孔目数越多，筛网越密，细孔的筛子筛出的原料较细，成品组织也较好。

4. 搅拌盆

搅拌盆（图1-1-9）是用来搅拌混合材料和打发材料时必不可少的工具，通常选用底部为圆弧形，直径为15～25cm，深度为10cm以上的圆盆。最好选用耐热且散热快的不锈钢或玻璃制品。

5. 活底模具

活底模具（图1-1-10）是指蛋糕模具底片是可以和模具分离的模具，这种设计方便蛋糕脱模，一般常用于制作海绵蛋糕、戚风蛋糕。活底模具一定要放平整，还可垫上烘焙纸以防蛋糕胚粘连。另外，最好配上蛋糕的脱模刀，这样方便蛋糕胚烤好冷却之后脱模。

6. 烤箱

烤箱（图1-1-11）是烘烤类食品的成熟设备，分为家用烤箱和商用烤箱。烤箱分有旋转热风烤箱、远红外线烤箱、燃气电热混合烤箱等，有单层或多层等样式，每层都可以根据使用需要来调节上、下火温度。可以调节上、下温度的烤箱也称为平炉，使用烤箱时通常需要提前预热，以达到烤制温度，需注意按要求规范操作，以免被烫伤。

二、全蛋搅拌法

全蛋搅拌法是将糖与全蛋液一起搅打起泡，再加入面粉及其他原料拌和均匀的方法。

具体操作：首先，把糖和全蛋液放在搅拌桶内，用低速搅拌全蛋液和糖至糖融化，再改为高速搅拌至蛋液变为乳白色蛋糊，体积达到原糖蛋液体积的3倍，蛋糊能竖起但不结实的状态。其次，中速搅拌蛋糊，使蛋糊气泡变细腻。最后，分次倒入面粉拌匀，加入其他湿性原料混匀。

图1-1-10 活底模具

任务实施

一、原料配方

鸡蛋500g，蛋糕油20g，细砂糖250g，低筋面粉200g，牛奶50g，黄油50g。

二、制作过程

（一）工具准备

烤箱、电子秤、玻璃盆、玻璃碗、刮刀、电动打蛋器、蛋糕模具、油纸、晾网。

图1-1-11 烤箱

（二）工艺流程

准备原料→打发鸡蛋→混合面糊→入模→烘烤→出炉冷却。

（三）制作步骤

（1）准备原料，如图1-1-12所示。

（2）将鸡蛋和蛋糕油倒入打蛋桶，如图1-1-13所示。

（3）用中速挡将鸡蛋打发至湿性发泡后，加入1/2的细砂糖，如图1-1-14所示。

图1-1-12 准备原料

（4）鸡蛋泡沫打发至绵密状态时，加入剩余1/2的细砂糖，如图1-1-15所示。

（5）转高速挡继续打发至干性起泡，加入过筛好的面粉，用慢速挡搅拌均匀至无干粉状态，如图1-1-16所示。

图1-1-13 将鸡蛋和蛋糕油倒入打蛋桶

（6）加入黄油和牛奶混合液，用慢速挡充分搅拌至半流动状态，如图1-1-17所示。

（7）将面糊倒入垫好油纸的蛋糕模具中，约八成满，如图1-1-18所示。

（8）轻轻振动模具，排出多余的气泡，放入上火

图1-1-14 加入1/2细砂糖

200℃、下火180℃的烤箱中，烘烤25分钟。

（9）取出后倒扣在晾网上，如图1-1-19所示。

（10）冷却后脱模，如图1-1-20所示。海绵蛋糕坯成品如图1-1-21所示。

图1-1-15　加入剩余1/2的细砂糖

图1-1-16　加入过筛好的面粉

图1-1-17　加入黄油和牛奶混合液，
用慢速挡充分搅拌至半流动状态

图1-1-18　将蛋糕面糊
倒入垫好纸的蛋糕模

图1-1-19　倒扣在晾网上

图1-1-20　脱模

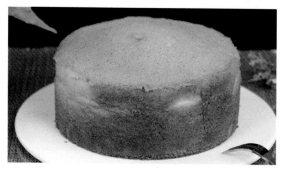

图1-1-21　海绵蛋糕坯

（四）制作关键

（1）判断鸡蛋打发的程度：打发不够，蛋糕体易结实；打发过度，蛋糕成熟后易收缩。

（2）烘烤出炉后需倒扣，避免蛋糕表面塌陷。

（五）成品标准

（1）表皮金黄，无褶皱，无萎缩，柔软且具有弹力。

（2）成品口感不黏不干，轻微湿润，蛋香味和甜味适中。

任务拓展

按照表1-1-2所列的原料、制作流程，制作胡萝卜海绵蛋糕和香蕉海绵蛋糕。

表1-1-2　制作胡萝卜海绵蛋糕和香蕉海绵蛋糕一览表

胡萝卜海绵蛋糕	香蕉海绵蛋糕
原料： 鸡蛋500g，蛋糕油20g，细砂糖250g，低筋面粉200g，胡萝卜碎（去汁）200g，牛奶50g，黄油80g	原料： 熟香蕉肉500g，鸡蛋250g，蛋糕油20g，白糖300g，高筋面粉500g，牛奶200g，小苏打粉10g，玉米油120g，核桃仁100g
制作流程： 1. 鸡蛋、蛋糕油放入打蛋桶中快挡打发，细砂糖分别在湿性发泡和绵密状态时，分次放入，打发至硬性发泡； 2. 放入低筋面粉和胡萝卜碎搅拌均匀； 3. 放入熔化的黄油和牛奶的混合液搅拌均匀后装入垫有油纸的模具，七成满； 4. 用上火180℃、下火170℃烤约25分钟，冷却后再脱模	制作流程： 1. 熟香蕉肉、鸡蛋、蛋糕油放入打蛋桶里用快速挡打发至硬性发泡； 2. 加入高筋面粉在搅拌桶内慢速挡搅拌混合； 3. 加入牛奶、小苏打粉、玉米油的混合物并拌匀，装入垫有油纸的托盘，表面撒上核桃仁碎； 4. 放入上火190℃、下火180℃的烤箱，烘烤约20分钟，取出冷却后，可以切件或卷制
制作关键： 1. 胡萝卜要搅碎去汁，否则影响蛋糕质感； 2. 蛋糕烘烤成熟后不可直接热脱模，否则会影响蛋糕整体形状	制作关键： 1. 熟透的香蕉较容易打发，全程用快速挡打发； 2. 制作香蕉海绵蛋糕要选用高筋面粉，使用低筋面粉制作的较为松散

任务评价

学生任务完成后，按照表1-1-3的要求开展自评、互评，教师和企业导师根据学生的情况给以评价，并填入表1-1-3。

表1-1-3　制作海绵蛋糕任务评价表

任务名称			班级		姓名		
评价内容	评价要求		评价（是/否）	学生自评	小组互评	教师评价	企业导师评价
制作准备	职业着装是否符合标准：帽子端正、工装整洁、头发不露出帽子		是/否				
	原料是否按照数量备齐		是/否				
	操作工具是否按照种类、数量备齐		是/否				

(续表)

评价内容	评价要求	评价 (是/否)	学生自评	小组互评	教师评价	企业导师评价
制作过程	搅打蛋液：搅打蛋液速度是否先慢后快	是/否				
	面糊搅拌：面粉和液体原料加入后慢速搅匀	是/否				
	面糊程度：面糊软硬程度是否呈半流动状	是/否				
	成型：装入模具中约八成满	是/否				
	烘烤：烤箱温度、烘烤时间是否把握正确：烤箱温度是否达到上火180℃、下火170℃、烘烤时间设定为25分钟	是/否				
	装盘：摆放整齐美观，无异物	是/否				
卫生	操作工具干净整洁，无污渍	是/否				
	操作工位案台干净整洁，无杂物	是/否				
	成品器皿干净卫生，无异物	是/否				
成品质量	表皮金黄，无褶皱，无萎缩，柔软且具有弹力	是/否				
	成品口感不黏不干，轻微湿润，蛋香味和甜味适中	是/否				
评价（合格/不合格） （全部为"是"则合格，有一项为"否"则不合格）						

岗课赛证

海绵蛋糕是西式面点师初级考证品种。了解蛋糕模具的种类和用途、掌握使用模具制作海绵蛋糕坯的技能是初级面点师必会知识。通过学习考核相关品种，学生可以获得西式面点师初级证书。获得初级西式面点师证书，体现学生在西点职业领域具备一定的实践能力、专业知识和综合素养。

巩固提升

一、选择题

1. （   ）以鸡蛋、糖、面粉以及少量的油为基础材料，通过全蛋和糖的打发，拌入大量空气，进而烘烤时蛋糕内部产生蒸汽压力，使蛋糕体积起发，形成膨胀松软的糕体。

A. 戚风蛋糕　　B. 重油蛋糕　　C. 海绵蛋糕　　D. 乳酪蛋糕

2. 全蛋搅拌法是将糖与（   ）一起搅打起泡，再加入面粉及其他原料拌和均匀的方法。

A. 蛋黄　　　　B. 蛋清　　　　C. 全蛋液　　　D. 黄油

3. Sponge cake是指（   ）。

A. 沙蛋　　　　B. 天使蛋糕　　C. 海绵蛋糕　　D. 奶酪蛋糕

4. （　　）在烘烤时在模具内不可擦防粘油脂。

A. 海绵蛋糕　　　B. 重奶油蛋糕　　C. 轻奶油蛋糕　　D. 天使蛋糕

二、思考题

1. 蛋糕油在制作海绵蛋糕中起到什么作用？

2. 团队合作在工作中非常重要。在制作海绵蛋糕的过程中，你是如何体现团队合作的？

任务二　制作戚风蛋糕卷

微课2　戚风蛋糕卷

任务情境

在学习海绵蛋糕的制作后，琪琪掌握了全蛋糊搅拌法和面糊的拌制手法，接着，西饼房师傅又传授给琪琪戚风蛋糕卷的制作方法。恰巧酒店附近的新楼盘即将开售，开售现场需要一些西点茶歇供宾客食用，楼盘销售经理向酒店西饼房预订戚风蛋糕卷。戚风蛋糕卷需要在将戚风蛋糕坯制作得较薄的基础上，在中间加入奶油和水果馅料卷制成型。师傅把这项艰巨的任务交给了琪琪。

任务目标与要求

制作戚风蛋糕卷的任务目标与要求见表1-2-1所列。

表1-2-1　制作戚风蛋糕卷的任务目标与要求

工作任务	制作戚风蛋糕卷
任务目标	1. 熟知分蛋搅拌法的制作工艺及要领； 2. 掌握蛋白霜的打发技巧； 3. 学会正确判断蛋白霜的打发程度； 4. 掌握戚风蛋糕卷的成型方法； 5. 能够利用本地特色食材进行蛋糕卷的制作
任务要求	1. 按正确的投料顺序将蛋黄糊部分搅拌至顺滑无面粉颗粒的状态； 2. 将蛋白霜打发至湿性发泡状（颜色洁白、气泡细腻、不会滴落呈大弯勾状）； 3. 使用切拌的方式将戚风蛋糕面糊混拌至面糊表面颜色均匀，无大量消泡现象，无面粉颗粒，有光泽，能缓慢下落的状态； 4. 将蛋糕坯卷制成粗细均匀、色泽金黄、柔软不破裂的e形蛋糕卷，并进行装饰； 5. 个人独立完成任务； 6. 操作过程符合职业素养要求和安全操作规范； 7. 产品达到企业标准，符合食品卫生要求

知识准备

戚风蛋糕的英文是Chiffon cake。Chiffon可翻译为雪纺，有松软的意思。戚风蛋糕因质地柔软、口感爽滑而得名。制作戚风蛋糕的面糊含水量较多，蛋糕体组织与其他类型蛋糕相比更加松软，组织膨松，含水量高，味道清淡不腻，口感滋润嫩爽，是最受欢迎的蛋糕之一。

一、原料

（一）玉米淀粉

图1-2-1　玉米淀粉

玉米淀粉（图1-2-1）又叫粟粉，鹰粟粉，溶水后通过加热可产生胶凝特性，多数用于馅料中。在制作蛋糕时加入适量玉米淀粉，可降低面粉的筋度。

（二）塔塔粉

塔塔粉（图1-2-2）的化学名为酒石酸钾，是一种酸性的白色粉末，属于食品添加剂类，是制作戚风蛋糕必不可少的原料之一。塔塔粉在西点中的作用如下：

（1）中和蛋白的碱性。

（2）帮助蛋白起发，使泡沫稳定、持久。

（3）增加制品的韧性，使制品更为柔韧。

图1-2-2　塔塔粉

（三）食盐

食盐（图1-2-3）是西点的常用原料，面包、饼干、蛋糕等糕点常用到食盐，用量不大却十分重要。食盐在西点中起到的作用如下：

（1）调味作用。

（2）增强面筋筋力。

（3）延长和面时间。

（4）抑制酵母发酵。

（5）抑制细菌繁殖。

图1-2-3　食盐

二、工具与设备

（一）烤盘和烤网

一般烤箱会附带烤盘和烤网（图1-2-4）。烤盘用来盛放需要烘烤的食物，如肉类、饼干类和面包等。烤网用来放置烤好的食物，使其晾凉。通常需要用隔热手套和烤盘手柄拿取，防止烫伤。

（二）油纸和不粘油布、锡纸

油纸和不粘油布（图1-2-5）用来垫烤盘防粘，锡纸（图1-2-6）可以用来包裹肉类，使其水分不流失，锡纸还可以包裹空心圈防漏。这些材质都是耐高温的，可以放心在烤箱中使用。如没有油纸，可在烤盘中均匀地抹上一层薄油，再均匀筛上一层薄薄的面粉防粘。

（三）锯齿刀

锯齿刀（图1-2-7）分为粗齿和细齿两种，越尖锐密集的齿越适合切越硬的产品，越平滑纤薄的齿适合切越柔软易塌的产品。粗齿蛋糕刀是专用的蛋糕和面包切

图1-2-4　烤盘和烤网

图1-2-5　不粘油布

图1-2-6 锡纸

图1-2-7 锯齿刀

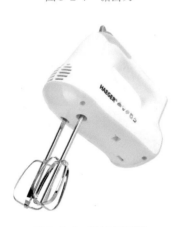

图1-2-8 手持打蛋器

图1-2-9 刮板

刀，锯齿呈半圆月牙状，齿距较长。使用这种刀切蛋糕和面包时，要采用锯的方式，从蛋糕边缘开始，采用来回拉伸式的切法。细齿蛋糕刀由于锯齿较细较短，不适合切面包。切蛋糕的手法同粗齿蛋糕刀，但面对质地较松散的蛋糕时，如果手法过重过快，会有轻微的掉渣现象。

（四）手持打蛋器

手持打蛋器（图1-2-8）通用不锈钢材质制作，有不同大小的尺寸，可以搅拌蛋黄、稀面糊等比较不费力的原料。相对而言，手持打蛋器比电动打蛋器便宜很多，因为搅拌效率较低，费力费时，所以不建议用它来打发奶油或蛋白。

（五）刮板

刮板（图1-2-9）通常用塑料或不锈钢材质制成，分为硬刮板和软刮板或软刮片。其主要用于清理案板、聚拢材料、面糊整形、分割面团等。

三、分蛋搅拌法工艺流程

戚风蛋糕通常采用分蛋搅拌法制作，也称为清打法，即把蛋白和蛋黄分别置于两个盆内分别搅拌，待搅拌到位后再将蛋白和蛋黄部分混合为一体成为蛋糕面糊。

分蛋搅拌法工艺流程：

先将蛋白和蛋黄分开，再进行分步骤搅拌。蛋黄部分需先将湿性材料混合，再加入干性材料拌匀，最后将蛋黄加入混合液中，搅拌至光滑细腻。蛋白部分需确保工具干净无油渍、无水分，蛋白中无蛋黄混入，接着将塔塔粉、细砂糖、蛋白混合搅打，蛋白打至中性发泡，即挑起蛋白霜，蛋白霜形成向上尖峰、尖峰略略弯曲的状态。最后将蛋黄糊部分和蛋白霜部分用切拌的方式快速拌匀。

四、面糊搅拌的手法

为了减少戚风蛋糕在混合面糊的过程中出现消泡现象，需要尽快将面糊拌和均匀。戚风蛋糕面糊的搅拌可采用切拌的方式，即刮刀从搅拌盆中心入刀，左斜下方向刮至盆边缘，顺势将刮刀提起3~5cm，再把刮刀上的面糊甩回盆里，拿盆的手配合搅拌动作旋转打蛋盆，一直重复操作直到看不到蛋白霜为止。也可以理解为用刮刀前端在搅拌盆里竖着画椭圆搅拌，每画一圈，左手逆时针将盆转90°。

五、蛋白霜打发程度的判断

蛋白快速搅打后具有良好的起泡性，打蛋器高速转动的过程会使空气不断进入蛋白中，从而使蛋白的体积迅速膨胀。烘烤蛋糕时，蛋糕内部的空气帮助蛋糕体膨胀，使蛋糕蓬松绵软。

蛋白霜的打发状态主要分为湿性发泡、中性发泡、干性发泡三种状态。这三种状态是在打蛋白霜过程中渐变发生的，判定它们状态的主要方法就是用打蛋器拉起蛋白，然后观察蛋白在不同阶段的状态：

（1）湿性发泡：提起打蛋器，蛋白霜会垂下来呈一个长约10cm的尖，但是不会滴下来。

（2）中性发泡：提起打蛋器，蛋白糊的尖更短了，呈尖峰略弯状态，倒扣打蛋盆时蛋白霜不会流动。这个状态是制作戚风蛋糕卷的最佳状态。

（3）干性发泡：提起打蛋器，此时蛋白霜有一个坚挺的尖，且不会弯下来，这个状态适合做戚风蛋糕圆坯。

六、卷制方法

制作卷筒蛋糕一般采用手工卷制。将油纸铺在操作台面，将蛋糕坯放于油纸上，涂抹馅料，利用长擀面杖或长棍，将蛋糕向前推动卷起成型。卷制时需注意用力适度，否则蛋糕容易破裂，粗细不均。

七、戚风蛋糕常见问题及原因

1. 蛋糕膨胀不足

蛋糕膨胀不足的原因包括：①蛋白霜打发不足；②混合面糊时间过长，搅拌过度；③烤箱上下火温度控制不好。

2. 蛋糕成熟后回缩塌陷

蛋糕成熟后回缩塌陷的原因包括：①蛋白霜打发过度或打发不足；②模具上已沾油；③未熟透；④未倒扣晾凉。

3. 蛋糕表面裂开

蛋糕表面裂开的原因包括：①蛋白霜打发过度，面糊搅拌不均；②烤箱下火温度过高；③蛋糕面糊装模时过满。

任务实施

一、原料配方

蛋黄糊：水125g，玉米油125g，细砂糖75g，低筋面粉225g，玉米淀粉50g，蛋黄200g。

蛋清糊：蛋清450g，盐3g，塔塔粉5g，细砂糖225g，打发奶油250g。

二、制作过程

（一）工具准备

电子秤、不锈钢盆、玻璃碗、油纸、面粉筛、手持打蛋器、刮刀、刮板、食品搅拌机、烤网、长擀面杖、烤盘、烤箱。

（二）工艺流程

准备原料→分蛋→调制蛋黄糊→打发蛋清→混合面糊→入模→烘烤→出炉冷却→卷制→成型。

（三）制作步骤

（1）原料准备，如图1-2-10所示。

（2）将水、玉米油、细砂糖倒入拌料盆中，用打蛋器充分搅拌至乳白色，如图1-2-11所示。

（3）低筋面粉和玉米淀粉过筛，搅拌成无干粉的面糊，如图1-2-12所示。

（4）分次加入蛋黄，搅拌成蛋黄糊，如图1-2-13所示。

（5）将蛋清、塔塔粉、盐放入打蛋桶，如图1-2-14所示。

图1-2-10　原料准备

图1-2-11　水、油、糖倒入盆，搅拌

图1-2-12　面粉和淀粉过筛

图1-2-13　分次加入蛋黄，搅拌成蛋黄糊

图1-2-14　将鸡蛋清、塔塔粉、盐放入打蛋桶

（6）中速挡打发至湿性发泡（鱼眼泡状），加入1/3的细砂糖，如图1-2-15所示。

（7）打发至芝麻粒状的小气泡时，再加入1/3的细砂糖，至出现易消失的纹路时，加入剩余1/3的细砂糖；用高速挡打至原体积3倍左右，形成洁白、光滑、可勾出小尾巴状时，继续用慢速挡进行搅拌，使蛋白霜更加细腻，如图1-2-16所示。

（8）将打发好的1/3的蛋白霜放入蛋黄糊中，用翻拌的手法搅拌至颜色拌匀，如图1-2-17所示。

（9）将剩余的蛋白霜全部倒入拌料盆中，继续用翻拌的手法搅拌至表面光滑、颜色均匀的状态，如图1-2-18所示。将蛋糕面糊倒入铺垫好油纸的烤盘中，如图1-2-19所示。

（10）用刮板均匀地向四周推开，抹平表面后，将烤盘振动几次，排出部分气泡，让面糊更加均匀，形状更加自然，如图1-2-20所示。

（11）将烤盘放入烤箱中，用上火180℃、下火160℃烘烤约20分钟。

图1-2-15　打发

图1-2-16　转快速打发至软性发泡

图1-2-17　搅拌至颜色拌匀

图1-2-18　继续搅拌至表面光滑、颜色均匀的状态

图1-2-19　将蛋糕面糊放入铺垫好油纸的烤盘中

图1-2-20　抹平表面

（12）取出冷却，如图1-2-21所示；将蛋糕坯分块，如图1-2-22所示；将蛋糕卷制成型，如图1-2-23所示。

（13）切件装盘，如图1-2-24所示。戚风蛋糕卷成品，如图1-2-25所示。

图1-2-21　取出冷却

图1-2-22　将蛋糕坯分块

图1-2-23　将蛋糕卷制成型

图1-2-24　切件装盘

图1-2-25　戚风蛋糕卷成品

（四）制作关键

（1）判断蛋清打发的程度：蛋清打发不够的蛋糕体积小，不够松软，口感结实，中间掺杂未搅拌的蛋清；蛋清打发过度蛋糕面糊难搅拌，成熟的蛋糕口感硬实。

（2）蛋糕卷制成型后需要一定的时间定型，不能马上切件。

（五）成品标准

（1）成品中心无空洞、粗细均匀。

（2）口感松软、组织细腻、气味香甜。

任务拓展

按照表1-2-2的原料、制作流程，制作抹茶烫面蛋糕卷和巧克力蛋糕卷。

表1-2-2 制作抹茶烫面蛋糕卷和巧克力蛋糕卷一览表

抹茶烫面蛋糕卷	巧克力蛋糕卷
原料： 水 100g，细砂糖 100g，黄油 150g，低筋面粉 110g，玉米淀粉75g，抹茶粉10g，蛋黄250g；蛋清 400g，塔塔粉3g，盐5g，细砂糖240g，打发奶油 250g	原料： 水 125g，玉米油 125g，细砂糖 75g，低筋面粉 180g，玉米淀粉50g，可可粉25g，蛋黄200g；鸡蛋 清450g，盐3g，塔塔粉5g，细砂糖225g，打发奶油250g
制作流程： 1. 将水、细砂糖、黄油放入锅中加热至70℃； 2. 加入过筛好的低筋面粉、玉米淀粉、抹茶粉混合拌匀，烫成生熟面糊； 3. 待冷却后加入蛋黄搅拌成抹茶蛋黄面糊； 4. 蛋清中加入塔塔粉、盐，打发至湿性发泡时加入1/2的细砂糖，再打发绵密状态时加入另1/2细砂糖，打发至软性发泡； 5. 分两次与抹茶蛋黄面糊混合拌匀，装入铺有油纸的烤盘，放入烤箱用上火180℃、下火150℃烘烤约20分钟，出炉； 6. 冷却后，抹奶油，卷制抹茶烫面蛋糕卷	制作流程： 1. 将水、玉米油、细砂糖放入拌料盆搅拌至糖溶解； 2. 加入过筛好的低筋面粉、玉米淀粉、可可粉搅拌成面糊，再加入蛋黄搅拌成巧克力蛋黄糊； 3. 蛋清中加入塔塔粉、盐，打发至湿性发泡时加入1/2细砂糖，再打发至绵密状态时加入剩余1/2细砂糖，打发至软性发泡； 4. 分两次与巧克力蛋黄面糊混合拌匀，装入铺有油纸的烤盘，放入烤箱上火180℃、下火160℃烘烤约20分钟； 5. 出炉冷却后，抹奶油，卷制巧克力蛋糕卷
制作关键： 1. 液体部分原料要加热够，烫熟的面粉能吸收大量的水分，不熟则影响面糊的结构，较稀，不易与打发蛋白霜混合； 2. 打发蛋白霜不宜过于起发，湿性发泡即可，如过度打发，蛋糕烘烤后容易收缩	制作关键： 1. 刚烤好的蛋糕需冷却后再脱模处理，否则会影响蛋糕外观，如，蛋糕表面脱皮、糕体收缩、变形等； 2. 刚卷制好的蛋糕需定型，不可立即切件摆盘

任务评价

学生任务完成后，按照表1-2-3的要求开展自评、互评，教师和企业导师根据学生的情况给以评价，并填入表1-2-3。

表1-2-3 制作戚风蛋糕评价表

任务名称			班级		姓名		
评价内容	评价要求		评价 (是/否)	学生自评	小组互评	教师评价	企业导师评价
制作准备	职业着装是否符合标准：帽子端正、工装整洁、头发不露出帽子		是/否				
	原料是否按照数量备齐		是/否				
	操作工具是否按照种类、数量备齐		是/否				

（续表）

评价内容	评价要求	评价（是/否）	学生自评	小组互评	教师评价	企业导师评价
制作过程	蛋白糊：蛋白糊打发速度是否由中到高、再到低速，呈湿性发泡，呈大弯钩状态	是/否				
	蛋黄面糊：为避免面糊起筋，是否采用"之"字形搅拌	是/否				
	混合面糊：是否采用切拌手法混合均匀	是/否				
制作过程	成型：卷制手法是否正确，蛋糕卷粗细一致	是/否				
	烘烤：烤箱温度、烘烤时间是否把握正确（上火180℃、下火160℃烘烤约20分钟）	是/否				
	装盘：出炉后是否及时倒扣，装盘摆放整齐	是/否				
卫生	操作工具干净整洁，无污渍	是/否				
	操作工位案台干净整洁，无杂物	是/否				
	成品器皿干净卫生，无异物	是/否				
成品质量	成品表面色泽金黄，卷制成粗细均匀，柔软不破裂的e形蛋糕卷	是/否				
	口感松软，组织细腻，气味香甜	是/否				
评价（合格/不合格）（全部为"是"则合格，有一项为"否"则不合格）						

岗课赛证

戚风蛋糕卷是西式面点师中级考证品种。分蛋搅拌法和蛋糕坯卷制技艺是中级考证必须掌握的重要技能，通过学习考核相关品种，学生可以获得西式面点师中级证书，增强学生就业竞争力。

巩固提升

一、选择题

1. 在制作戚风蛋糕时，将蛋白霜打发至（　　）状。

A. 软性发泡　　　B. 干性发泡　　　C. 中性发泡　　　D. 过度发泡

2. 戚风蛋糕是（　　）打发。

A. 全蛋　　　　　B. 分蛋　　　　　C. 混合　　　　　D. 搅拌

3. 下列蛋糕原料中属于湿性材料的有（　　）。

A. 糖　　　　　　B. 面粉　　　　　C. 蛋、牛奶　　　D. 黄油

4. 戚风蛋糕冷却方法有（　　）。

A. 自然冷却　　　B. 冰箱冷却　　　C. 吹风冷却　　　D. 在烤箱冷却

二、思考题

1. 制作戚风蛋糕时发现蛋糕表面开裂，这是什么原因引起的?

2. 在制作戚风蛋糕卷的过程中，你如何运用本地特色食材来进行制作?

任务三 制作哈雷蛋糕

任务情境

琪琪开始学习制作重油蛋糕——哈雷蛋糕。哈雷蛋糕用液态油脂进行打发。酒店承接了一场户外婚礼，婚礼的甜品桌需要装饰纸杯蛋糕，婚庆部向西饼房预订哈雷蛋糕杯。师傅让琪琪学以致用，独立完成订单。

任务目标与要求

制作哈雷纸杯蛋糕的任务目标与要求见表1-3-1所列。

表1-3-1 制作哈雷纸杯蛋糕的任务目标与要求

工作任务	制作30个哈雷纸杯蛋糕
任务目标	1. 了解油脂蛋糕的原料特点及性质； 2. 掌握油脂蛋糕制作工艺及要领； 3. 学会通过馅心、表皮和成型方法的变化制作出不同口味或花样的油脂蛋糕； 4. 能够严格遵循配方和工艺流程完成哈雷蛋糕的制作
任务要求	1. 选用适合的蛋糕原料及器具； 2. 按正确的投料顺序将蛋糕面糊搅拌至无颗粒自然滴落的顺滑状态； 3. 使用正确的烘烤温度； 4. 蛋糕烤至表面金黄色、有自然裂纹的圆弧状，中间无黏液，纹理细致，蛋糕扎实，松软轻柔； 5. 个人独立完成任务； 6. 操作过程符合职业素养要求和安全操作规范； 7. 产品达到企业标准，符合食品卫生要求

知识准备

油脂蛋糕是配方中含有较多油脂的一类松软西点制品。油脂蛋糕具有良好的香味，柔软滑润的质感，入口香甜，回味无穷。油脂蛋糕种类很多，根据配方的用料差异和原料比例不同，可分为轻油脂蛋糕和重油脂蛋糕。常见的哈雷蛋糕、黄油蛋糕、马芬蛋糕等都属于油脂蛋糕。油脂蛋糕的制作十分考验西点师的基本功，是中级西式面点师的重点考核内容。

油脂蛋糕的制作原理是：在搅拌作用下，空气进入油脂形成气泡，使油脂膨松、体积增大，蛋液中的水分与油脂发生乳化。乳化对油脂蛋糕的品质有重要影响，乳化越充分，制品的组织越均匀，口感亦越好。油脂膨松程度越好，蛋糕质地越疏松，但膨松过度会影响蛋糕成型。

一、原料

（一）化学膨松剂

泡打粉、小苏打、臭粉都属于化学膨松剂（图1-3-1）。泡打粉是由小

微课3 哈雷蛋糕

苏打（碳酸氢钠）配合其他酸性材料并以玉米粉为填充剂制成的白色粉末。小苏打（碳酸氢钠）呈白色粉末状，无臭、味咸，易溶于水，水溶液呈微碱性，65℃以上时会迅速分解。臭粉（碳酸氢铵）无色呈结晶状，有氨气味，60℃时能很快挥发，分解为氨气、二氧化碳和水，多呈白色粉末状。在食品加工过程中加入膨松剂，能使产品起发，形成膨松多孔组织，从而使产品膨松、柔软或酥脆。膨松剂的使用要严格遵守《食品安全国家标准 食品填加剂使用标准》（GB 2760—2014）的规定。

(a) 泡打粉　　　　　　　　(b) 小苏打　　　　　　　　(c) 臭粉

图1-3-1　化学膨松剂

（二）液态酥油

液态酥油（图1-3-2）以精炼食用油、氢化油为主要原料，经特殊工艺加工而成，产品呈金黄色，具有浓郁的香味。由于价格便宜，作为糕点、糖果等食品的添加剂可使制品口感更佳。但需要注意的是，液态酥油中含有反式脂肪酸，不宜过多食用。

图1-3-2　液态酥油

（三）白兰地酒

白兰地酒是一种蒸馏酒（图1-3-3），以水果为原料，经过发酵、蒸馏、贮藏后酿造而成。以葡萄为原料的蒸馏酒称为葡萄白兰地，以其他水果原料酿成的白兰地应加上水果的名称，如苹果白兰地、樱桃白兰地等。制作西点时添加白兰地酒可去腥增香，增加制品风味。

图1-3-3　白兰地酒

二、工具

（一）蛋糕纸杯

市场上常规的蛋糕纸杯（图1-3-4）材质多种多样，要选择耐高温覆膜纸杯，既要防高温缩皱，又要防水防油浸透，采用食品级环保水墨印刷。常见材料有牛皮纸、格拉辛纸、食品包装纸、防油纸、羊皮纸及硅油纸等。选用食品级防油纸、羊皮纸及硅油纸最佳，此类产品防油，耐高温，纸杯之间易剥离，蛋糕和纸杯间也易剥离。

图1-3-4　蛋糕纸杯

图1-3-5 量杯

图1-3-6 量勺

（二）量杯、量勺

做甜点需按照配方严格称量配料，一般按重量称量的用食品秤，按容积称量的液体用量杯（图1-3-5），1杯＝240ml，极少用量的粉类和液体可以用量勺（图1-3-6）称量。量勺通常是一套（4把），规格为1/4茶匙（tea spoon）、1/2茶匙、1茶匙和1汤匙（tablespoon）。一汤匙（15ml）、一茶匙（5ml）、1/2茶匙（2.5ml）、1/4茶匙（1.25ml），量取时如果是粉类，以一满匙并刮去冒尖部分为准。

三、油脂蛋糕常见问题及原因

1. 成熟后塌陷

成熟后塌陷的原因包括：①配方内膨松剂添加不足；②面糊搅拌过久；③鸡蛋的用量不足；④糖和油的用量过多，配方比例不合理；⑤面粉筋度不足；⑥烘烤过程中振动，以致蛋糕变形。

2. 成熟后表面鼓包液体流出

成熟后表面鼓包液体流出的原因包括：①鸡蛋用量过大；②烤箱温度过高；③搅拌多度，筋力过大；④泡打粉使用过量。

任务实施

一、原料配方

鸡蛋250g，细砂糖225g，玉米油200g，牛奶15g，白兰地酒15g，低筋面粉200g，泡打粉5g，蛋糕纸杯30个。

二、制作过程

（一）工具准备

电子秤、玻璃盆、玻璃碗、刮刀、打蛋器、面粉筛、量杯、蛋糕纸杯、烤盘、烤箱。

（二）工艺流程

准备原料→调制面糊→入模→烘烤→出炉冷却→装盘。

（三）制作步骤

（1）原料准备，如图1-3-7所示。

（2）将玉米油倒入盆中，如图1-3-8所示；将鸡蛋放入盆中，加入细砂糖用打蛋器充分搅拌均匀，如图1-3-9所示。

（3）加入牛奶和白兰地酒，慢速搅拌2分钟，至无颗粒的状态，如图1-3-10所示。

（4）将低筋面粉和泡打粉混合过筛，搅拌均匀，如图1-3-11所示。

（5）将蛋糕面糊装入纸杯，7分满，如图1-3-12所示。将烤盘振动几次，排出部分气泡，让蛋糕面糊更加均匀、形状更加自然。放入烤箱，用上火180℃、下火175℃烘烤约20分钟，如图1-3-13所示。

（6）取出装盘，如图1-3-14所示，哈雷蛋糕成品如图1-3-15所示。。

图1-3-7　原料准备

图1-3-8　将玉米油倒入盆中

图1-3-9　将鸡蛋、细砂糖搅拌均匀

图1-3-10　加入牛奶和白兰地酒

图1-3-11　低筋面粉和泡打粉混合过筛

图1-3-12　将蛋糕面糊装入纸杯7分满

图1-3-13　烘烤

图1-3-14　取出装盘

图1-3-15　哈雷蛋糕成品

（四）制作关键

（1）在搅拌鸡蛋与糖的过程中尽量避免将鸡蛋打发，哈雷蛋糕是依靠生物膨松剂——泡打粉来膨胀起发的。

（2）烘烤的温度不易过高，温度过高会影响蛋糕在烘烤时膨发。

（五）成品标准

（1）表面金黄色，有自然裂纹的圆弧状，造型美观。

（2）口感松软轻柔、纹理细致、蛋糕扎实。

任务拓展

按照表1-3-2所列的原料、制作流程，制作南瓜蛋糕和杏仁马芬蛋糕。

表1-3-2　制作南瓜蛋糕和杏仁马芬蛋糕一览表

南瓜蛋糕	杏仁马芬蛋糕
原料与工具： 熟南瓜泥450g，细砂糖160g，黄油200g，鸡蛋100g，低筋面粉550g，肉桂粉2g，泡打粉16g，南瓜子100g，纸杯30个	原料与工具： A：低筋面粉100g，泡打粉4g，杏仁粉100g； B：鸡蛋170g，蛋黄80g，细砂糖240g； C：黄油（熔化）180g，牛奶40g； D：细砂糖100g，杏仁碎100g，蛋清30g； E：防潮糖粉30g（成品装饰用），纸杯20个
制作流程： 1. 熟南瓜泥趁热加入细砂糖和熔化的黄油一起拌匀； 2. 加入鸡蛋搅拌后再加入过筛好的低筋面粉、肉桂粉和泡打粉，搅拌成南瓜蛋糕糊； 3. 将面糊装入纸杯（八分满），表面撒上南瓜子，放入烤箱，用上火180℃、下火170℃烤约30分钟，至表面金黄色即可出炉	制作流程： 1. 将D部分混合均匀成粉粒状，上火180℃、下火160℃烘烤约12分钟，烤至金黄色的蛋白酥粒； 2. 将A部分混合过筛，加入混合好的B部分在拌料盆里混合成面糊； 3. 加入熔化的黄油和牛奶的混合液，制作成杏仁马芬蛋糕糊，装入裱花袋挤入纸杯中（约七分满）； 4. 在蛋糕胚表面上撒上蛋白酥粒，放入上火195℃、下火175℃的烤箱，烘烤约20分钟； 5. 出炉冷却后表面撒上防潮糖粉即可

（续表）

南瓜蛋糕	杏仁马芬蛋糕
制作关键： 1. 南瓜泥蒸熟透，趁热熔化细砂糖和黄油； 2. 注意烘烤时烤箱蛋糕的数量，根据烤箱内蛋糕的数量来增减烘烤时间	制作关键： 1. 面糊材料混合要均匀，避免有颗粒； 2. 搅拌面糊时不宜搅拌过度，材料搅拌均匀即可

任务评价

学生任务完成后，按照表1-3-3的要求开展自评、互评，教师和企业导师根据学生的情况给予评价，并填入表1-3-3。

表1-3-3　制作哈雷蛋糕评价表

任务名称			班级		姓名		
评价内容	评价要求		评价 （是/否）	学生自评	小组互评	教师评价	企业导师评价
制作准备	职业着装是否符合标准：帽子端正、工装整洁、头发不露出帽子		是/否				
	原料是否按照数量备齐		是/否				
	操作工具是否按照种类、数量备齐		是/否				
制作过程	搅拌蛋液：将细砂糖与蛋液搅拌至熔化即可，不能将鸡蛋打发		是/否				
	加入面粉：面粉是否过筛		是/否				
	搅拌面糊：按正确的投料顺序将蛋糕面糊搅拌至无颗粒自然滴落的顺滑状态		是/否				
	成型：装入模具7分满		是/否				
	烘烤：烤箱温度、烘烤时间是否把握正确，即用上火180℃、下火175℃烘烤约25分钟		是/否				
	装盘：出炉后放凉，装盘摆放整齐		是/否				
卫生	操作工具干净整洁，无污渍		是/否				
	操作工位案台干净整洁，无杂物		是/否				
	成品器皿干净卫生，无异物		是/否				
成品质量	表面金黄色，呈有自然裂纹的圆弧状，造型美观		是/否				
	口感松软轻柔，纹理细致，蛋糕扎实		是/否				
评价（合格/不合格） （全部为"是"则合格，有一项为"否"则不合格）							

岗课赛证

哈雷蛋糕属于油脂类蛋糕，是西式面点师初级考证品种。制作哈雷蛋糕重点掌握化学膨松剂的放入量、油脂的乳化打发和蛋糕生坯烘烤的温度与时间。西式面点师证书可为企业提供了一个可靠的人才选拔和评价参考。

巩固提升

一、选择题

1. 油脂蛋糕面糊的填充量一般以模具的（　　）为宜。

A. 五成　　　　B. 六成　　　　　　C. 七、八成　　　　D. 九、十成

2. 液态酥油以精炼（　　）、氢化油为主要原料，经特殊工艺加工而成，产品呈金黄色，具有浓郁的香味。

A. 食用油　　　B. 花生油　　　　　C. 橄榄油　　　　　D. 起酥油

3. 在制作油脂蛋糕时，面粉加入后（　　），否则会影响蛋糕在烘烤时的胀发。

A. 不宜过久搅拌　　　　　　　B. 应高速搅拌均匀

C. 应适当多搅拌　　　　　　　D. 应长时间低速搅拌

4. 油脂蛋糕具有良好的香味，（　　）的质感，入口香甜，回味无穷。

A. 软滑细腻　　B. 柔软滑润　　　　C. 松软　　　　　　D. 松脆

二、思考题

1. 在制作油脂蛋糕时加入过量的膨松剂会造成什么影响？

2. 制作哈雷蛋糕需要严格遵循配方和工艺流程。在日常生活中，你是如何做到对规则、纪律的遵守的？

任务④ 制作黄油蛋糕

▍任务情境

油脂蛋糕除了有用液态油脂制作的，还有用固态黄油打发的黄油蛋糕。两者既相似，又有不同之处。酒店自助早餐厅需要增加蛋糕品类，琪琪推荐了自己制作的黄油蛋糕，获得了顾客的一致好评。

▍任务目标与要求

制作黄油蛋糕的任务目标与要求见表1-4-1所列。

表1-4-1 制作黄油蛋糕的任务目标与要求

工作任务	制作2个长方黄油蛋糕并切件
任务目标	1. 熟悉糖油搅拌法制作工艺及要领； 2. 掌握黄油的打发技巧； 3. 能够正确判断黄油糊的打发程度； 4. 学会通过馅心、表皮和成型方法的变化制作出不同口味或花样的黄油蛋糕； 5. 能够掌握黄油蛋糕的余料处理技巧
任务要求	1. 黄油、鸡蛋等原料温度适宜； 2. 按照正确的投料方式将黄油糊打发至体积膨大，颜色乳黄，如绒毛状； 3. 运用翻拌的手法将面糊混拌至无面粉颗粒自然掉落的浓稠状态； 4. 蛋糕烤至表面金黄色，呈有自然裂纹的圆弧状，中间无黏液，纹理粗糙，干松柔软； 5. 个人独立完成任务； 6. 操作过程符合职业素养要求和安全操作规范； 7. 产品达到企业标准，符合食品卫生要求

▍知识准备

黄油蛋糕属于重油蛋糕，是通过搅打黄油使其充气，经过烘烤使产品膨松的一类点心，口感松软，但较其他蛋糕口感实一些。因加入了大量的黄油，所以口味较香醇，与其他蛋糕相比成本较高。

微课4 黄油蛋糕

一、原料与工具

（一）动物黄油

天然动物黄油（图1-4-1），英文名为butter。它是从牛奶中提炼出来的油脂，也称作牛油或奶油。黄油中脂肪含量占80%左右，而剩余约20%的成分为蛋白质、矿物质、水及乳糖等。动物黄油因有特殊的芳香和营养价值而备受人们欢迎，添加在饼干、面包等西点制品中能大大改善风味和营养价值。动物黄油在高温下易受细菌和霉菌感染而腐坏变味，应低温冷藏。黄油可分为有

图1-4-1 动物黄油

盐黄油和无盐黄油，一般在烘焙中使用的是无盐黄油。如果使用有盐黄油，需相应减少配方中盐的用量。

　　黄油在冷藏的状态下是比较坚硬的固体，而在室温（28℃左右）放置一段时间，黄油会软化，即用手指按压可出现印记。在黄油的软化状态我们可以通过搅打使其裹入空气，体积变得膨大，即为打发。黄油在34℃以上会熔化，熔化的黄油是不能打发的。

图1-4-2　朗姆酒

图1-4-3　果品

图1-4-4　巧克力

图1-4-5　蛋糕模具

（二）朗姆酒

　　制作西点时，加入调味酒可以增加产品的风味。其中，朗姆酒（图1-4-2）就是常用的调味酒之一。朗姆酒是以甘蔗糖蜜为原料生产的一种蒸馏酒，原产地在古巴，口感甜润，芬芳馥郁。白朗姆酒味较干，香味不浓；金朗姆酒色较深，酒味略甜，香味较浓；黑朗姆酒色较浓，呈深褐色，酒味芳醇。

（三）果品

　　果品（图1-4-3）是鲜果和干果的总称，是制作西点常用原料。果品可以增加制品营养和独特的风味，装饰在制品表面可以起到美化作用，使制品具有诱人的色彩与图案，既能提高制品的商品性能，又能增强人们的食欲。运用较广泛的果品有花生仁、核桃仁、杏仁、松仁、芝麻仁、南瓜仁、橙皮丁、柠檬丁、蔓越莓干、苹果脯、无花果干等。

（四）巧克力

　　巧克力（图1-4-4）又称朱古力，原产于墨西哥。它是以可可脂、可可液块、可可粉、蔗糖、乳制品或其他甜味料、食品添加剂等为原料，经精磨、精炼、调温、成型等工艺制作而成的固体食品。巧克力口感滑润、微甜，营养价值高，含有蛋白质、脂肪和糖类以及比较丰富的铁、钙、磷等矿物质，是热量比较高的食品。在烘焙中，最常见的巧克力有黑巧克力、白巧克力和牛奶巧克力。用代可可脂代替一定比例的可可脂生产的巧克力，称为代可可脂巧克力。

（五）蛋糕模具

　　黄油蛋糕的成型主要依靠模具，模具的选用、模具的填充量与制品的质量关系密切。黄油蛋糕的模具常用不锈钢、铝合金、马口铁等材料制成，其形状有圆形、长方形、心形、高边、低边等多样形式，如图1-4-5所示。在选用模具时应根据制品特点灵活选择，如油脂含量高的制品不易成熟，适合选择较小、边较低的模具。面糊填充量一般以模具的七八分满为宜，填充面糊过多，蛋糕容易溢出影响美观；相反，面糊填充过少，制品干燥、坚硬，松软度不佳。

二、糖油搅拌法工艺流程

最能影响黄油蛋糕品质好坏的是油脂的品质及搅拌方法恰当与否。通常采用糖油搅拌法或粉油搅拌法制作黄油蛋糕，黄油蛋糕采用的是糖油搅拌法。糖油搅拌法工艺流程如下：

（1）将黄油切成小丁软化，鸡蛋恢复常温温度（约28℃）。

（2）软化的黄油与糖、盐一起打发，打至黄油膨大变白，膨松呈绒毛状。

（3）将鸡蛋液打散，分数次加入打发的黄油中，搅打至均匀细腻无颗粒。

（4）分2～3次加入过筛的粉类原料，慢速搅拌均匀。

（5）缓慢加入牛奶，慢速拌匀即可。

（6）面糊倒入模具。

（7）烘烤成熟。

三、黄油蛋糕烘烤基本要求

（1）烘烤之前检查烤箱清洁、运转是否正常，提前10分钟预热。

（2）烤盘或烤模放置在烤箱中心位置，注意不能紧靠烤箱边缘，不能叠放。制品摆放整齐，间隔适宜，以免受热不均，影响色泽。

（3）烘烤过程中不能随意打开烤箱，烘烤后期如需调换转盘位置需轻拿轻放，保持模具水平。

（4）根据制品要求和烤箱特性灵活调节温度和烘烤的时间。油脂蛋糕烘烤温度一般为170℃～180℃，烘烤时间为30～60分钟。

（5）烤制过程中注意随时观察烤箱内制品颜色状态，以便及时调整烘烤温度和时间。

（6）蛋糕出炉后放置在网架散热，冷却后脱模。

四、黄油蛋糕的配方调整原则

（1）按比例增减用量。

（2）如果添加抹茶粉、可可粉等吸水量较大的原料，应添加水量。

（3）如果增加蛋量，应该减少膨松剂的用量。

（4）如果添加糖浆类原料，应该添加少量柠檬汁，以免蛋糕颜色过深。

任务实施

一、原料配方

黄油250g，细砂糖200g，鸡蛋250g，低筋面粉200g，泡打粉3g，糖渍橙皮50g，巧克力汁20g。

二、制作过程

（一）工具准备

电子秤、刮刀、不锈钢勺、拌料盆、裱花袋、剪刀、量杯、长方形蛋糕模具、打蛋器、面粉筛、烤盘、烤箱。

（二）工艺流程

准备原料→打发黄油→调制面糊→入模→装饰→烘烤→出炉冷却→切件装盘。

（三）制作步骤

（1）准备原料，如图1-4-6所示。

（2）将软化好的黄油倒入拌料盆中，如图1-4-7所示。

（3）将黄油打发至乳白色，如图1-4-8所示。

（4）加入细砂糖继续打发均匀，如图1-4-9所示。边打发边加入鸡蛋，如图1-4-10所示。

（5）加入过筛好的低筋面粉和泡打粉，搅拌均匀，如图1-4-11所示。

图1-4-6　原料准备

图1-4-7　将软化好的黄油倒入拌料盆中

图1-4-8　将黄油打发至乳白色

图1-4-9　加入细砂糖继续打发均匀

图1-4-10　边打发边加入鸡蛋

图1-4-11　加入过筛好的低筋面粉和泡打粉搅拌均匀

（6）加入泡过朗姆酒的糖渍橙皮搅拌成黄油蛋糕面糊，如图1-4-12所示。

（7）在长方形蛋糕模具中刷上黄油，均匀沾上一层面粉，如图1-4-13所示。将黄油蛋糕面糊装入模具，如图1-4-14所示，装至7~8分满。

（8）在面糊表面上淋上巧克力汁，搅拌至半混合状，如图1-4-15所示。放入烤箱，用上火180℃、下火180℃烘烤约40分钟。

（9）取出冷却后脱模，成品如图1-4-16所示。

图1-4-12　加入泡过朗姆酒的糖渍橙皮丁搅拌成黄油蛋糕面糊

图1-4-13　在长方形蛋糕模具中刷上黄油，均匀沾上一层面粉

图1-4-14　将黄油蛋糕面糊装入模具

图1-4-15　在面糊表面上放入巧克力汁搅拌至半混合状

图1-4-16　黄油蛋糕成品

（四）制作关键

（1）打发黄油前先将黄油软化，软化的黄油在打发过程中容易打入空气，增加黄油的体积。

（2）不要过度软化黄油，液体状的黄油难以打发。

（3）蛋糕面糊放入模具不易过多或过少，在烘烤时，面糊过多会溢出，过少容易烤干，蛋糕质感结实，放入七分满最佳。

（五）成品标准

（1）成品表面色泽金黄，整体形态一致美观。

（2）口感松、酥、软，黄油和蛋香浓郁。

任务拓展

按照表1-4-2所列的原料、制作流程，制作黄油马芬蛋糕和三色大理石蛋糕。

表1-4-2　制作黄油马芬蛋糕和三色大理石蛋糕一览表

黄油马芬蛋糕	三色大理石蛋糕
原料与工具： 安佳黄油270g，细砂糖300g，鸡蛋250g，低筋面粉400g，泡打粉9g，牛奶150g，白兰地酒20mL，葡萄干100g，纸杯20个	原料： 黄油240g，细砂糖120g，鸡蛋200g，低筋面粉80g，泡打粉2g，低筋面粉65g，泡打粉2g，可可粉10g，低筋面粉75g，泡打粉2g，抹茶粉3g
制作流程： 1. 将软化的黄油放入打蛋桶打发至乳白色，加入细砂糖继续打发，打发过程中逐个加入鸡蛋，直至完全打发混合； 2. 低筋面粉和泡打粉过筛后将其混合，加入牛奶和白兰地酒的混合液搅拌均匀成马芬蛋糕面糊； 3. 将面糊装入裱花袋，挤入杯子七分满，均匀摆放到烤盘上，放入烤箱上火180℃、下火175℃烘烤约25分钟，待表面色泽金黄，蛋糕成熟即可出炉	制作流程： 1. 将软化的黄油放入打蛋桶打发至乳白色，加入细砂糖继续打发，打发过程中逐个加入鸡蛋，直至完全打发混合，分成三等份； 2. 将其他原料分别加入分好的材料中混合均匀； 3. 蛋糕模具刷油后垫上油纸，分别装入三种不同颜色的蛋糕面糊，再用叉子在面糊中稍加搅拌，呈不完全混合状； 4. 放入烤箱，用上、下火180℃烘烤35分钟，待蛋糕成熟后出炉，待冷却后脱模
制作关键： 1. 打发黄油前先将黄油软化，软化的黄油在打发过程中容易打入空气，增加黄油的体积； 2. 边打发边加入黄油，判断黄油在打发过程中完全吸收蛋液后，再放下一个鸡蛋	制作关键： 1. 模具使用前用黄油刷过表面，避免成品粘模； 2. 三色面糊混合时轻轻搅拌即可，不可过度搅拌至完全混合

任务评价

学生任务完成后，按照表1-4-3的要求开展自评、互评，教师和企业导师根据学生的情况给以评价，并填入表1-4-3。

表1-4-3　制作黄油蛋糕任务评价表

任务名称		班级		姓名		
评价内容	评价要求	评价（是/否）	学生自评	小组互评	教师评价	企业导师评价
制作准备	职业着装是否符合标准：帽子端正、工装整洁、头发不露出帽子	是/否				
	原料是否按照数量备齐	是/否				
	操作工具是否按照种类、数量备齐	是/否				
制作过程	打发黄油：黄油加糖后是否打发成乳白色	是/否				
	加入蛋液：是否边打发边加入蛋液，不能一次全部加入	是/否				
	面糊状态：黄油蛋液是否不分离，面糊软硬适中	是/否				
	成型：模具是否抹上黄油并装入7～8分满	是/否				
	烘烤：烤箱温度、烘烤时间是否设定正确，即用上火180℃、下火180℃烘烤约40分钟	是/否				
	装盘：出炉后是否冷却脱模，装盘摆放整齐	是/否				
卫生	操作工具干净整洁，无污渍	是/否				
	操作工位案台干净整洁，无杂物	是/否				
	成品器皿干净卫生，无异物	是/否				
成品质量	成品表面色泽金黄，整体形态一致美观	是/否				
	口感松、酥、软，黄油和蛋香浓郁	是/否				
评价（合格/不合格）（全部为"是"则合格，有一项为"否"则不合格）						

岗课赛证

黄油蛋糕是西点常见品种，无论是下午茶点、婚礼甜品台还是会议茶歇，都是必不可少的一道甜点。制作黄油蛋糕需要重点掌握黄油的辨别和黄油的打发判断。同学们需要通过岗位实践积累经验，才能达到企业西饼房岗位要求。

巩固提升

一、选择题

1. 油脂蛋糕除了有用液态油脂制作的，还可以用（ ）打发来制作油脂蛋糕。

A. 固态黄油　　　B. 调和油　　　　C. 色拉油　　　　　D. 酥油

2. 黄油蛋糕是配方中含有较多（ ）的松软制品。

A. 油脂　　　　　B. 鸡蛋　　　　　C. 水分　　　　　　D. 糖

3. 黄油蛋糕的模具形状、材料有多种，因此在选用黄油蛋糕的模具时要根据黄油蛋糕制品的（ ）灵活选择。

A. 大小和风味　　B. 特点和形状　　C. 原材料组成　　　D. 特点和需要

4. 黄油蛋糕属于重油蛋糕，是通过搅打（ ）使其充气，经过烘烤使产品膨松的一类点心，口感松软，但较其他蛋糕口感实一些。

A. 黄油　　　　　B. 色拉油　　　　C. 调和油　　　　　D. 酥油

二、思考题

1. 从原料、配方、搅拌、烘烤等几个方面分析影响黄油蛋糕质量的因素。

2. 在制作黄油蛋糕的过程中，你是否遇到了食材浪费的问题？请分享你合理利用剩余食材的思考与做法。

任务5　制作轻乳酪蛋糕

任务情境

在师傅的指导下，琪琪基本掌握了乳酪蛋糕的制作流程。酒店咖啡吧开放下午茶，除了香浓的咖啡，顾客还需要一些绵软的乳酪蛋糕来搭配，咖啡吧向西饼房下了6寸轻乳酪蛋糕的订单。为了检验学习效果，琪琪决定独立制作这种蛋糕。

微课5　轻乳酪蛋糕

任务目标与要求

制作轻乳酪蛋糕的任务目标与要求见表1-5-1所列。

表1-5-1　制作轻乳酪蛋糕的任务目标与要求

工作任务	制作轻乳酪蛋糕
任务目标	1. 熟悉轻乳酪蛋糕原料选用要求； 2. 掌握轻乳酪蛋糕面糊搅拌与调制方法； 3. 掌握装模、烘焙等环节的操作技巧； 4. 掌握控制油脂和糖分等高热量食物摄入的技巧
任务要求	1. 选用适合的蛋糕原料及器具； 2. 按正确的投料顺序将奶酪糊部分搅拌至顺滑无面粉颗粒的状态； 3. 将蛋白霜打发至湿性发泡状：颜色洁白，气泡细腻，不会滴落，呈大弯勾状； 4. 使用切拌的方式将奶酪面糊与蛋白霜混拌至面糊产生光泽，看不到粉类原料，无大量消泡显现且具有流动性的状态； 5. 蛋糕模具做好防粘、防漏水处理； 6. 用水浴法烤制蛋糕，将蛋糕烤至表面金黄色、中间无黏液状态； 7. 使用正确的方式储存蛋糕； 8. 个人独立完成任务； 9. 操作过程符合职业素养要求和安全操作规范； 10. 产品达到企业标准，符合食品卫生要求

知识准备

乳酪蛋糕又称奶酪蛋糕或芝士蛋糕，起源于古希腊，相传是公元前776年为了供应在奥林匹亚举行的古代奥运会所做出来的甜点。后来罗马人将乳酪蛋糕从希腊传播到整个欧洲，19世纪，它又随着欧洲移民传到了美洲。乳酪蛋糕以奶酪、鸡蛋、牛奶等为主要原料，含有丰富的蛋白质、钙、锌等矿物质及维生素A与维生素B_2，营养丰富，口感紧密，质地绵软、湿润。乳酪蛋糕分为烘烤型和冷冻型两种，轻乳酪蛋糕属于烘烤型乳酪蛋糕，需要入烤箱隔水蒸烤，烤好后放入冰箱中保存。

一、原料知识

（一）奶油乳酪

奶油乳酪（图1-5-1），又称为奶油芝士、奶油奶酪，英文名为cream cheese。奶油乳酪

图1-5-1　奶油乳酪

图1-5-2　柠檬汁

图1-5-3　镜面果胶

是未成熟的全脂乳酪，经加工后其脂肪含量可超过50%，乳酪味道清淡柔和，质地细腻。这类乳酪在制作过程中混合了鲜奶油和牛奶的混合物，是一种新鲜乳酪。奶油乳酪开封后易吸收其他味道而变质，不能久放，故应冷藏保存，不可放置冰箱冷冻室或室内常温存放。奶油乳酪是制作乳酪蛋糕不可缺少的原料。

（二）柠檬汁

柠檬（图1-5-2）富含维生素C、糖类、钙、磷、铁、维生素B_1、维生素B_2、烟酸、柠檬酸、苹果酸、橙皮苷、香豆精等，对人体十分有益。维生素C能维持人体各种组织和细胞间质的生成，并保持它们正常的生理机能。制作西点时常用新鲜柠檬现榨汁或使用浓缩柠檬汁。例如，制作蛋糕时加入柠檬汁可以去除蛋腥味，使蛋糕吃起来口感清新，也起到中和碱的作用，使蛋白更容易打发。

（三）镜面果胶

镜面果胶（图1-5-3）是一种植物果胶，是从苹果、柑橘、葡萄等中提取的可直接涂抹在甜点表面上的食用胶。镜面果胶直接涂抹于蛋糕等甜点表面，可形成一层光亮胶膜，具有增加光泽、防潮及延长食品保存期限的功能。装饰蛋糕水果时，可在成品表面刷上一层镜面果胶，让成品的卖相更好，同时，镜面果胶还可以起到保湿，防止水果甜点切的时候散开等功效。

二、烘烤型乳酪蛋糕制作工艺

（1）奶油乳酪、黄油室温条件下软化，二者搅拌均匀。

（2）加牛奶搅拌均匀。

（3）加入过筛的面粉轻轻搅拌至无面粉颗粒。

（4）加入蛋黄搅拌成蛋黄糊。

（5）蛋白、细砂糖和柠檬汁混合打发至湿性发泡，成蛋白霜。

（6）将蛋黄糊和蛋白霜混合拌匀，入模。

（7）隔水烤熟，冷却后冷藏。

三、水浴法

水浴法又称隔水加热法，是一种蛋糕成熟的制作方法，即将调好的蛋糕面糊放在模具内，再将模具放在烤盘上，烤盘中注入一定高度的热水来进行加热，这样在烘烤的时候，水的温度不会超过100℃，可以保证蛋糕不会被烤干，烤出来的蛋糕制品口感比较软嫩。使用水浴法制作蛋糕时，应选用密封的蛋糕模，活底模具应用锡纸包好后再注入热水，否则水会在烘烤过程中进入蛋糕面糊中。

四、乳酪蛋糕的烘烤技巧

（1）使用固底模盛装蛋糕，采用水浴法烘烤，热水的深度应该在2cm以上（约至模具的1/4处）。

（2）乳酪蛋糕烘烤温度一般为150℃～160℃，烘烤温度过高，蛋糕表面容易裂开，表面易烤煳。烘烤时间40～90分钟，前30分钟尽量不要打开烤箱，以免蛋糕回缩变形；若烘烤时间过长，蛋糕水分挥发较多，口感不软嫩。

（3）乳酪蛋糕冷却过程中不能有震动，待彻底凉透后才能切割、装饰，最后冷藏保存。

任务实施

一、原料配方

（一）乳酪面糊部分

牛奶500g，奶油乳酪300g，黄油45g，低筋面粉110g，蛋黄100g，盐5g。

（二）蛋清部分

蛋清270g，细砂糖180g，玉米淀粉45g，柠檬汁15g。

（三）装饰部分

镜面果胶50g。

二、制作过程

（一）工具准备

电子秤、刮刀、蛋糕模具、玻璃碗、玻璃盆、打蛋器、食品搅拌机、油纸、刷子、烤箱、烤盘。

（二）工艺流程

准备原料→制作面糊→打发蛋清→组合→入模→烘烤→脱模装盘。

（三）制作步骤

（1）原料准备，如图1-5-4所示。

（2）将奶油乳酪隔水软化，如图1-5-5所示；加入黄油搅拌均匀，如图1-5-6所示。

图1-5-4　原料准备

图1-5-5　将奶油乳酪隔水软化

（3）分次加入牛奶，隔水加热，并搅拌至溶化，如图1-5-7所示。

（4）加入过筛好的低筋面粉，搅拌均匀，如图1-5-8所示。

（5）加入蛋黄、盐混合搅拌成乳酪蛋黄糊，如图1-5-9所示。

（6）将蛋清、柠檬汁倒入打蛋桶内，如图1-5-10所示；用慢速挡将蛋清打发至湿性发泡后，加入1/2的细砂糖，如图1-5-11所示；转中速挡打发蛋清至绵密状时，加入剩余的细砂糖，如图1-5-12所示；将蛋清打发至软性发泡，如图1-5-13所示。

图1-5-6　加入黄油搅拌均匀

图1-5-7　加入牛奶搅拌至溶化

图1-5-8　加入低筋面粉搅拌均匀

图1-5-9　搅拌成乳酪蛋黄糊

图1-5-10　将蛋清放入打蛋桶里，加入柠檬汁

图1-5-11　加入细砂糖

图1-5-12　蛋清绵密状时加入细砂糖

图1-5-13　将蛋清打发至软性发泡

（7）加入玉米淀粉混合均匀成蛋白霜，如图1-5-14所示。

（8）将一半蛋白霜加入乳酪蛋黄糊混合均匀，如图1-5-15所示；再将剩余蛋白霜加入搅拌均匀成乳酪蛋糕面糊，如图1-5-16所示。

（9）装入量杯，如图1-5-17所示；倒入铺垫好油纸的蛋糕模具中，如图1-5-18所示。

（10）底部放入清水（水浴法），放入烤盘，如图1-5-19所示。放入烤箱用上火190℃、下火150℃烘烤50分钟。

（11）取出后倒扣，如图1-5-20所示；取下油纸装盘，如图1-5-21所示。

（12）表面刷上镜面果胶，如图1-5-22所示；乳酪蛋糕成品如图1-5-23所示。

图1-5-14 加入玉米淀粉混合均匀成蛋白霜

图1-5-15 将一半蛋白霜加入乳酪蛋黄糊混合均匀

图1-5-16 乳酪蛋糕面糊

图1-5-17 装入量杯

图1-5-18 倒入模具中

图1-5-19 放入烤盘

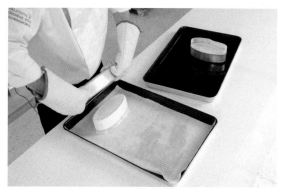

图1-5-20　取出后倒扣

图1-5-21　去下油纸装盘

图1-5-22　表面刷上镜面果胶

图1-5-23　乳酪蛋糕成品

（四）制作关键

（1）奶油乳酪在隔水软化时要充分溶入牛奶。

（2）使用水浴法烤制蛋糕，水温在烘烤中不会超过100℃，这样烘烤的蛋糕质感嫩滑。

（3）在烘烤后期（第40～50分钟时），注意判断烘烤的温度，温度高会将蛋糕表面烤裂，温度低会导致蛋糕表面不上色。这时可以根据烤箱内蛋糕量的多少调节温度。

（五）成品标准

（1）成品表面色泽淡黄，整体形态一致美观。

（2）口感细腻嫩滑，芝士醇香，风味独特。

任务拓展

按照表1-5-2所列的原料、制作流程，制作香橙乳酪蛋糕和云石乳酪蛋糕。

表1-5-2　制作香橙乳酪蛋糕和云石乳酪蛋糕一览表

香橙乳酪蛋糕	云石乳酪蛋糕
原料： 苏打饼干底：苏打饼干100g，黄油80g，细砂糖50g，蛋清20g； 芝士面糊：奶油芝士300g，细砂糖70g，蛋黄50g，牛奶50g，橙汁20g，橙子皮碎30g； 透明果胶30g（成品装饰用）	原料： 饼干底：消化饼干200g，黄油80g，细砂糖80g； 芝士面糊：奶油芝士250g，细砂糖50g，鸡蛋80g，淡奶油100g，溶化黑巧克力50g； 透明果胶30g（成品装饰用）

（续表）

香橙乳酪蛋糕	云石乳酪蛋糕
制作流程： 1. 苏打饼干用擀面杖压碎，加入黄油、细砂糖、蛋清混合，放入芝士蛋糕模具底部按压平整； 2. 将隔水软化的奶油乳酪和糖放入搅拌桶内，用慢速挡搅拌至混合均匀； 3. 边搅拌边加入蛋黄和牛奶的混合液，搅拌均匀后加入橙汁和橙子皮碎，拌匀后成芝士面糊； 4. 将面糊装入裱花袋，挤入蛋糕模具八成满，放入烤盘，用上火190℃、下火150℃，采用水浴法烘烤约50分钟； 5. 出炉后放入冰箱冷藏2小时后脱模，表面刷上透明果胶	制作流程： 1. 将消化饼干用擀面杖压碎，加入黄油和细砂糖混合，放入芝士蛋糕模具底部按压平整； 2. 将隔水软化的奶油乳酪和糖放入搅拌桶内，用慢速挡搅拌至混合均匀； 3. 加入鸡蛋搅拌均匀，再加入淡奶油混合均匀成芝士蛋糕糊； 4. 将芝士蛋糕糊放入模具中八成满，表面挤上熔化的巧克力，用竹签拉花； 5. 放入烤箱，用上火180℃、下火150℃，采用水浴法烘烤约45分钟，出炉后待冷却后脱模，放入冰箱冷藏定型； 6. 定型后取出，表面刷透明果胶后装盘
制作关键： 1. 苏打饼干用擀面杖擀碎，便于在模具底部能均匀按压平整； 2. 不可热脱模，热脱模会影响成品外观，甚至破坏成品完整	制作关键： 1. 采用水浴法烘烤芝士蛋糕时，水应放适宜，少则容易烤干，蛋糕内部会产生气孔，影响口感； 2. 不可热脱模，热脱模会影响成品外观，甚至破坏成品完整

任务评价

　　学生完成任务后，按照表1-5-3的要求开展自评、互评，教师和企业导师根据学生的情况给以评价，并填入表1-5-3中。

表1-5-3　制作轻乳酪蛋糕任务评价表

任务名称		班级		姓名		
评价内容	评价要求	评价（是/否）	学生自评	小组互评	教师评价	企业导师评价
制作准备	职业着装是否符合要求：帽子端正、工装整洁、头发不露出帽子	是/否				
	原料是否按照数量备齐	是/否				
	操作工具是否按照种类、数量备齐	是/否				
制作过程	乳酪蛋黄糊：乳酪糊是否搅拌至顺滑无面粉颗粒的状态	是/否				
	蛋白：是否将蛋白霜打发至湿性发泡状（颜色洁白、气泡细腻、不会滴落呈大弯勾状）	是/否				
	面糊状态：使用切拌的方式将乳酪面糊与蛋白霜混拌至面糊产生光泽、看不到粉类原料，无大量消泡现象且具有流动性的状态	是/否				

（续表）

评价内容	评价要求	评价（是/否）	学生自评	小组互评	教师评价	企业导师评价
制作过程	成型：模具是否垫入油纸做好防水处理	是/否				
	烘烤：烤箱温度、烘烤时间是否设定正确，即使用水浴法烤制蛋糕，上火190℃、下火150℃烘烤50分钟	是/否				
	装盘：出炉后是否冷却脱模，装盘摆放整齐	是/否				
卫生	操作工具干净整洁，无污渍	是/否				
	操作工位案台干净整洁，无杂物	是/否				
	成品器皿干净卫生，无异物	是/否				
成品质量	成品表面色泽淡黄，整体形态一致美观	是/否				
	口感细腻嫩滑，芝士醇香，风味独特	是/否				
评价（合格/不合格）（全部为"是"合格，有一项为"否"则不合格）						

岗课赛证

轻乳酪蛋糕是西点常见品种，经常出现在餐后甜点中，是西餐中重要的甜点。制作轻乳酪蛋糕需要重点掌握不同乳酪的性质和加工方法。通过岗位实践，同学们要学会创新变化，制作不同口味的乳酪蛋糕，才能适应市场需求，适应西饼房的岗位要求。

巩固提升

一、选择题

1. 轻乳酪蛋糕的成熟方法是（　　）。

A. 煎制　　　　　B. 干燥烘烤法　　　C. 蒸制　　　　　D. 水浴烘烤法

2. 乳酪蛋糕又称奶酪蛋糕或芝士蛋糕，起源于（　　）。

A. 古希腊　　　B. 英国　　　　　C. 美国　　　　　D. 澳大利亚

3. 乳酪蛋糕大致分为烘烤型、（　　）两种。

A. 冷冻型　　　B. 冷藏型　　　　C. 常温型　　　　D. 温热型

4. 制作乳酪蛋糕过程时，以下不正确的是（　　）。

A. 乳酪蛋糕烘烤和冷却过程中都不可震动，避免塌陷

B. 乳酪蛋糕烘烤过程中可以随意打开烤箱查看

C. 乳酪蛋糕要彻底冷却，冷藏后再切割

D. 烘烤乳酪蛋糕温度过高会引起蛋糕表面开裂

二、思考题

1. 不使用水浴烘烤方法烘烤乳酪蛋糕，成品质量会有什么不同？

2. 你如何控制富含油脂和糖分等高热食物的摄入？我们生活中如何饮食才健康？

模块二 面包类

过去，面包店的销售大都以主食为主，消费者买来做早餐或者日常充饥。现在，人们在逛街、办公、看电视的时候，对休闲食品的需求在逐步上升，同时也对面包品质提出了更高的要求。面包的制作需要精准的计量、对发酵的准确判断以及对烘烤的控制，需要我们有一丝不苟、精益求精的职业态度，做好每个细节。

任务一 制作小圆面包

任务情境

微课6 小圆面包

经过勤加练习，琪琪对面团的揉制、面团的发酵、面包的烘烤等工艺掌握得比较到位。小圆面包是面包的基础品种，琪琪认为自己可以顺利完成小圆面包的制作，于是承接了自助早餐厅的小圆面包订单。

任务目标与要求

制作小圆面包的任务目标与要求见表2-1-1所列。

表2-1-1 制作小圆面包的任务目标与要求

工作任务	制作重量为30g的小圆面包若干个
任务目标	1. 了解制作面包的原料及器具； 2. 熟知小圆面包制作工艺流程； 3. 掌握小圆面包的烘焙方法； 4. 能够根据不同人群的需求，变化小圆面包的配方，从而降低糖和油脂的比例
任务要求	1. 选用适合的面包原料及器具； 2. 制作合格的面种； 3. 按正确的投料顺序搅拌面团至面筋完全扩展； 4. 制作面包馅料； 5. 将面包面团搓成重量为30g的面团； 6. 判断面团醒发程度； 7. 将面包烤制成熟； 8. 个人独立完成任务； 9. 操作过程符合职业素养要求和安全操作规范

知识准备

面包是以小麦粉为主要原料，以酵母、鸡蛋、油脂、糖、乳品、果仁等为辅料，加水调制成面团，经过发酵、整形、成型、烘焙、冷却、包装等过程加工而成的烘焙食品。面包按质地可分为软质面包、硬质面包和起酥面包。面包按味道分为甜面包和咸面包两种。

小圆面包属于软质面包，特点为组织松软膨大、质地细腻、富有弹性。

一、原料知识

（一）面粉

面粉（图2-1-1）是将小麦的种子碾碎，筛出外皮及胚芽后制成的粉末。面粉的主要成分为蛋白质、糖类、脂肪、矿物质、水分、维生素和酶类，不同品质的小麦制成的面粉品质不同。

目前常用于制作面点的面粉按照颜色及含胚率，分为一等面粉、二等面粉、三等面粉和四等面粉，一等面粉的颜色最白，光泽最佳，含胚率最低。按蛋白质含量，分为高筋面粉、中筋面粉、低筋面粉三种。

图2-1-1　面粉

1. 高筋面粉

粉粒较粗且松散，蛋白质含量高，麸质较多，筋性较强，延展性较好。适合制作薄且延展性好的面团，如清酥面团、发酵面团等。

2. 低筋面粉

粉粒较细，用手紧握会将其固结成块，蛋白质含量较少，麸质较少，不易产生筋度，适合制作蛋糕类、混酥面团等不需要筋度的面点。

3. 中筋面粉

中筋面粉性质介于高筋面粉和低筋面粉之间，多用于制作中式面点，如面条、饺子等。

（二）酵母

酵母即酵母菌，是一种微生物，属于生物膨松剂，它能使面团发酵而形成疏松多孔的组织。质量好的酵母呈微黄色，干爽、松散、不结块，无不良气味。

1. 干酵母

干酵母（图2-1-2）是由酵母菌的培养液经过低温干燥等特殊方式得到的颗粒状物质，作用类似于鲜酵母，效果弱于鲜酵母，使用前需用30℃~40℃的水浸泡溶解。其优点是方便使用，可以室温下储存2年左右，无需冷藏。

2. 鲜酵母

鲜酵母（图2-1-3）由酵母菌的培养液脱水制成，具

图2-1-2　干酵母

图 2-1-3 鲜酵母

备很强的渗透耐压性，即便是在糖分含量很高的面团中，也能有较好的自我保护功能，维持自身的细胞结构。其优点在于价格便宜，不足之处是保存环境要求严格，必须在0℃~4℃保存，保存期较短。

3. 酵母的作用

（1）使制品酥松，发酵产生的二氧化碳能使面包体积增大，组织酥松多孔。

（2）改善风味，能使面包产生特有的发酵香味。

（3）增加面包营养价值，因为酵母含有丰富的蛋白质和大量的维生素。

二、工具

制作面包时为了提高制作效率，我们常常需要使用和面机或多功能搅拌机。和面机属于高速搅拌机，专门用来调制面包面团，使面筋充分扩充，缩短调制时间。多功能搅拌机集打蛋、和面、拌馅等功能于一体，带有球形、浆形、勾形三种搅拌头，用于制作不同的品种。

三、一次发酵法

小圆面包采用的是一次发酵法，又称直接发酵法，此种方法最为简便、快捷实用，缺点是面包容易老化。

一次发酵法的工艺流程如下：称量材料→搅拌面团→发酵面团→分割面团→搓圆→中间发酵（15~20分钟）→整形→最后醒发→装饰→烘烤→出炉冷却→包装成品。

四、搓圆手法

搓圆又称滚圆，是将分割好的面团通过手工或机器揉搓成圆形的过程。搓圆的过程是排除面团发酵过程中所产生的大气泡，改善面团组织和性能的过程。手工搓圆要领是用五指握住面团，掌根推动面团，拇指向内弯曲，右手向右画圈（左手反向操作），面团跟着反复转动，直到面团光滑，底部收口平整成圆球状。

任务实施

一、原料配方

面包面粉1500g，鸡蛋150g，奶粉60g，鲜酵母15g（或干酵母5g），冰水690g，细砂糖300g，盐12g，黄油120g。

二、制作过程

（一）工具准备

电子秤、刮板、玻璃碗、烤盘、烤箱、玻璃盆、毛刷。

（二）工艺流程

准确称料→制作面种→搅拌面团→分块→预整形→整形→发酵→烘烤。

（三）制作步骤

（1）原料准备，如图2-1-4所示。

（2）将面包面粉、鸡蛋、奶粉、鲜酵母放入搅拌桶内，如图2-1-5所示。混合冰水与细砂糖后倒入，如图2-1-6所示。

（3）用慢速挡将桶内的材料搅拌成面团，如图2-1-7所示；再用高速挡将面团打到七成面筋，如图2-1-8所示；加入盐，如图2-1-9所示；用慢速挡搅拌，将盐融入面团，如图2-1-10所示；加入黄油，用慢速挡搅拌至黄油粘连面团，如图2-1-11所示；转高速挡搅拌，将面团打至十成面筋，至能拉出面包薄膜，如图2-1-12所示。

（4）取出面团，收紧至面团光滑，如图2-1-13所示；静置15分钟后将面团分块（每个30g），如图2-1-14所示。

图2-1-4　原料准备

图2-1-5　将面包面粉、鸡蛋、
奶粉、鲜酵母放入搅拌桶内

图2-1-6　冰水与细砂糖混合后倒入

图2-1-7　搅拌成面团

图2-1-8　七成面筋

图2-1-9　加入盐

（5）用滚圆的手法将面团揉圆（预整形），静置15分钟，如图2-1-15所示；再将面团揉成光滑的圆形（整形），如图2-1-16所示。

（6）将面团均匀地放到烤盘上，如图2-1-17所示；将烤盘放入温度30℃～33℃、湿度80%～85%的醒发箱内发酵约60分钟。

图2-1-10　用慢速挡搅拌至盐融入面团

图2-1-11　加入黄油继续搅拌至黄油粘连面团

图2-1-12　面包薄膜

图2-1-13　面团光滑

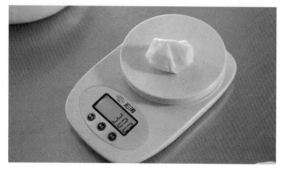
图2-1-14　分块

图2-1-15　预整形，静置15分钟

图2-1-16　将面团揉成光滑的圆形

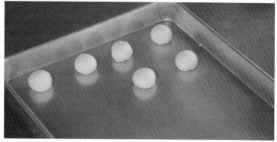
图2-1-17　将面团均匀地放到烤盘上

（7）取出醒发好的面团后在其表面刷上全蛋液，如图2-1-18所示；放入上火200℃、下火190℃的烤箱烘烤约11分钟。

（8）取出冷却后装盘，如图2-1-19所示；小圆面包成品如图2-1-20所示。

图2-1-18　刷上全蛋液

图2-1-19　取出冷却后装盘

图2-1-20　小圆面包成品

（四）制作关键

（1）制作面包面团应使用冰水，以避免面团搅拌过程中发热，而影响后续面包的成型。

（2）需正确判断面团搅拌的面筋程度，面团面筋不够或搅拌过度，都会影响面包发酵的体积和成熟后的口感。

（3）分割面团要大小均匀，滚圆时要圆，表面光滑。

（五）成品标准

（1）成品表面呈金黄色，整体形态圆形一致，有光泽。

（2）口感柔软有弹性，味道香甜。

任务拓展

按照表2-1-2所列的原料，制作流程，制作菠萝包和面包馅料。

表2-1-2　制作菠萝包和面包馅料一览表

菠萝包	面包馅料
原料： 1. 中种面团材料：面包面粉500g，水230g，白糖100g，干酵母5g（或鲜酵母15g）； 2. 面包面团材料：面包面粉500g，奶粉40g，鸡蛋100g，干酵母5g（或鲜酵母15g），白糖100g，冰水230g，中种面团850g，盐8g，黄油80g，全鸡蛋液1个； 3. 菠萝包皮：低筋面粉250g，白糖150g，小苏打1g，泡打粉2g，黄油50g，猪油60g	原料： 1. 墨西哥面包酱：黄油200g，细砂糖180g，鸡蛋200g，低筋面粉180g，盐4g； 2. 椰蓉馅：细砂糖40g，椰蓉50g，黄油40g，奶粉10g，低筋面粉50g； 3. 奶酥馅：黄油70g，糖粉70g，奶粉90g，鸡蛋液15g
制作流程： 1. 制作面种：预制作中种面团材料混合成面团，室温静置发酵4小时或常温发酵2小时，冷藏发酵8小时； 2. 制作菠萝包皮：菠萝包皮原料混合成面团，静置2小时； 3. 调制面团：面包面团材料放入搅拌缸里搅拌成面包面团； 4. 分块、预整形：面包面团分为60g/个，滚圆，静置15分钟； 5. 整形、发酵：整形成表面光滑的圆面团放入烤盘，放入湿度80%、温度33℃发酵箱发酵约75分钟； 6. 装饰：将菠萝包皮面团分为15g/个，用刀拍出薄圆片盖在发酵好的面团上，表面刷上鸡蛋液； 7. 烘烤：放入上火200℃、下火190℃的烤箱中烘烤约12分钟，至表面酥皮金黄色，成熟后取出	制作流程： 1. 墨西哥面包酱：将材料放入打蛋桶内，用慢速挡搅拌均匀后，再用快速挡打至乳白色发泡状； 2. 椰蓉馅：将材料放在拌料盆里，一起混合拌匀成团； 3. 奶酥馅：将软化的黄油与糖粉、奶粉、鸡蛋液放入拌料盆里，一起混合成奶酥馅
制作关键： 1. 分割面团大小均匀，滚圆时要圆，预整形、整形的面团表面光滑； 2. 菠萝包皮拍制要厚薄均匀，呈圆形后盖在发酵好的面团上； 3. 注意烘烤的温度和时间	制作用途： 1. 墨西哥面包酱用裱花袋挤在发酵好的面包面团上，再烘烤； 2. 椰蓉馅可以做面包的内馅或制作椰蓉吐司； 3. 奶酥馅可作为面包的内馅

任务评价

学生完成任务后，按照表2-1-3所列的要求，开展自评、互评，教师和企业导师根据学生的情况给以评价，并填入表2-1-3。

表2-1-3　制作小圆面包任务评价表

任务名称			班级		姓名		
评价内容	评价要求		评价 （是/否）	学生自评	小组互评	教师评价	企业导师评价
制作准备	职业着装是否符合标准：帽子端正、工装整洁、头发不露出帽子		是/否				
	原料是否按照数量备齐		是/否				
	操作工具是否按照种类、数量备齐		是/否				

（续表）

评价内容	评价要求	评价（是/否）	学生自评	小组互评	教师评价	企业导师评价
制作过程	原料：是否使用冰水搅拌面团	是/否				
	打面速度：是否先用慢速挡将材料搅拌成面团，再转快速挡将面团打到七成面筋，拉开有锯齿状	是/否				
	面团：是否先放盐再放黄油，用高速挡搅拌将面团打至十成面筋，能拉出面包薄膜	是/否				
	成型：静止15分钟后将面团分块（30g/个），用滚圆的手法将面团揉圆	是/否				
	发酵：是否在温度30℃~33℃、湿度80%~85%的醒发箱内发酵约60分钟	是/否				
	烘烤：烤箱温度、烘烤时间是否设定正确，即用上火200℃、下火190℃烘烤约11分钟	是/否				
卫生	操作工具干净整洁，无污渍	是/否				
	操作工位案台干净整洁，无杂物	是/否				
	成品器皿干净卫生，无异物	是/否				
成品质量	成品表面成金黄色，整体形态圆形一致，有光泽	是/否				
	口感柔软有弹性、味道香甜	是/否				
评价（合格/不合格）（全部为"是"则合格，有一项为"否"则不合格）						

岗课赛证

小圆面包作为西式面点师初级考证品种，重点考核软质面团调制和面团醒发。学会判断软质面团醒发程度，是初级考证需要掌握的重要技能。获得西式面点师初级证书，表明获得者在西点职业领域具备一定的实践能力、专业知识和综合素养。

巩固提升

一、选择题

1. 酵母即酵母菌，是一种微生物，属于（　　）膨松剂，它能使面团发酵而形成疏松多孔的组织。

A. 物理　　　　B. 生物　　　　C. 化学　　　　D. 单一

2. 水在面包中的作用是（　　）。

A. 溶剂作用　　　　　　　　B. 调节作用

C. 增加面团色泽　　　　　　D. 延长制品的保质期

3. 面包面团在（　　）环境下发酵较为适宜。

A. 20℃，90%湿度　　　　　　B. 33℃，85%湿度

C. 48℃，80%湿度　　　　　　　　　　　D. 65℃，90%湿度

4. 相同烘烤时间和温度下（　　）的面包容易烘烤成熟，色泽均匀。

A. 同一烤盘的面包大小一致　　　　　　　B. 同一烤盘大小一致，造型不一致

C. 同一烤盘面包大小、造型一致　　　　　C. 不同烤盘面包大小不一致

二、思考题

1. 在搅拌面团时，搅拌桶里的面团温度已到40℃，对面包成品质量会产生什么影响？

2. 在制作小圆面包时，如何降低配方中糖和油脂的比例？

任务二　制作法棍面包

微课7　法棍面包

任务情境

　　酒店来了一对特殊的客人，因为身体原因，不适宜食用酒店的早餐，需要食用无油无糖的面包。琪琪决定应用自己所学服务好这对顾客。

任务目标与要求

　　制作法棍面包的任务目标与要求见表2-2-1所列。

表2-2-1　制作法棍面包的任务目标与要求

工作任务	制作法棍面包
任务目标	1. 了解制作法棍的原料及器具； 2. 熟知法棍面包的制作工艺流程； 3. 学会判断面团搅拌状态； 4. 学会正确判断面包醒发程度； 5. 掌握法棍面包表面刀口的正确划法； 6. 掌握法棍面包烘焙方法； 7. 能够利用本地特色食材进行法棍面包的制作
任务要求	1. 选用适合的蛋糕原料及器具； 2. 制作合格的液体酵种； 3. 按正确的投料顺序搅拌面包面团至面筋完全扩展； 4. 将面包面团整形为重350g、长45cm的长条； 5. 正确判断面包醒发程度； 6. 按要求在面包上划出5道间隔2cm、长10cm、中斜20°的刀口； 7. 将面包烤制成熟：长棍状，外形饱满，爆口有力，表皮酥脆呈棕红色，口感柔韧有麦香味； 8. 个人独立完成任务； 9. 操作过程符合职业素养要求和安全操作规范； 10. 产品达到企业标准，符合食品卫生要求

知识准备

　　硬质面包是一种内部组织水分少，质地紧密、结实的面包。硬质面包一般以面粉、全麦粉、杂粮、酵母、盐为主要原料，所含水分较少，使烘烤的面包更具有结实感。硬质面包配方中很少甚至不加油脂和糖，需要使用低糖酵母来制作。

　　法式长棍面包属于硬质面包，是一种传统的法式面包，被法国人称为"面包之王"。法式长棍面包的配方很简单，即面粉、水、盐和酵母四种基本原料。

一、原料

（一）法国面粉

法国面粉（图2-2-1）的型号T代表"类型"，T后面的数字越小，表示这类面粉的精度

图2-2-1　法国面粉

越高，面粉的颜色越白；T后面的数字越大，表示这类型面粉的精度越低，面粉颜色也相对较深。

T45型：主要用于甜面包和西点制作，特点是吸水率低，适合做吐司、可颂、布里欧修面包等。

T55型：基础面粉，主要用于制作法式硬质面包及丹麦类面包产品，适用于一次发酵法、低温发酵法，特点是吸水率高、稳定性强、发酵耐力足，适合做法棍、可颂等。

T65型：用于制作法式硬面包和传统特色法式硬质面包及西点制品，特点是麦香味足、表皮酥脆、内部柔弹、吸水率较高，适合制作传统手工工艺面包。

T80型：用于制作农夫面包、有机面包，特点是细粉粒状、石磨加工，矿物质含量高、麸质比例大，富含微量元素和纤维素，产品皮厚而脆，粉香浓郁，吸水率高。

T85型：用于制作黑裸麦面包和杂粮面包。T85型面粉由黑麦粉初加工后与小麦粉混合而成，凸显黑麦粉的特点（酸、灰、低筋），一般搭配其他型号面粉使用，特点是吸水率高，风味显著，适合制作艺术面包、乡村面包等。

T110型：用于制作杂粮类大面包和质朴的特色面包。

T130型：用于制作纯黑麦面包和乡村面包。T130型面粉由黑麦粉初加工后与微量小麦粉混合而成，其特点是酸、灰、低筋，组织湿润，含水率高，保质期长，吸水率高，烘烤容易上色，乳酸菌味道较浓，适合制作传统黑麦面包。

T150型：用于制作全麦面包、麸质面包，特点是高吸水率，高纤维素，富含矿物质、维生素，有麸质味。

T170型：用于纯黑面包制作，与其他型号面粉配合使用。

（二）液体酵种

图2-2-2　液体酵种

液体酵种（图2-2-2）使用的面粉量占总面粉量的20%～40%，再加入等重量的水与相应比例的干酵母，混合成面糊即完成制作。在制作液体酵种时，加入盐的作用是抑制酵母的发酵速度，这样就能延长液体酵种的发酵时间，因此可以根据实际情况决定是否添加盐。如果加入盐，那么在揉面时加入的盐要相应地减少，以免盐含量太高影响面筋生成与后期发酵。

二、面团搅拌的六个阶段

法棍面包的面团搅拌一般分为以下六个阶段。

（1）拾起阶段：所有干湿原料混合成粗糙又湿润的面团，面团粘手无延展性，搅拌缸有残留材料。

（2）卷起阶段：面粉吸收水分，并开始形成面筋，表面黏手，质地硬，缺乏弹性，拉取容易断裂。

（3）面筋扩展阶段：面团表面光滑、有光泽、不粘缸，有弹性、柔软，面筋开始扩展，拉扯有一定延展性，但仍会断裂，拉开薄膜破裂的洞口呈现不规则的形状。

（4）面筋完成阶段：面团在搅拌机中搅拌时呈拖尾状态，拍打声巨大。可将其抻拉出极薄的薄膜，整个薄膜分布平均。即使薄膜破裂，边缘也光滑呈圆弧状。

（5）搅拌过度阶段：继续搅拌面团，面团会重新变得粘手，出现水光泽，失去弹性。

（6）面筋打断阶段：继续搅拌，面团开始水化且松弛，完全没有弹性，非常粘手。面筋断裂严重，钩状搅拌器已无法再将面团卷起，用手拉取会形成透明状的丝线，这个阶段的面团已经不适合制作面包。

三、面团醒发程度的判断

判断面团醒发的程度，主要观察面团体积膨大的倍数、表皮状态及按压手感。

（1）发酵不足：面团手感不松软、不饱满，体积没成倍增大，剖面无小孔。面团应该继续发酵。

（2）发酵过头：酸味重，面无筋力，轻碰即泄气，手按凹陷鼓不起。我们可通过添加面粉和碱来改善面团特性。

（3）发酵正常：手指按压后即缓慢回鼓，柔软光滑，剖面有小孔，并有酒香味。

任务实施

一、原料配方

1. 液体酵种

水300g，T65面粉300g，鲜酵母1g。

2. 主面团

T65面粉1000g，水600g（用于制作水解面团），液体酵种300g，干酵母3.5g（或鲜酵母10g），盐18g，后放水30g。

二、制作过程

（一）工具准备

电子秤、刮板、玻璃碗、发酵布、法棍转移板、搅拌机、托盘、烤箱、晾架、刀片。

（二）工艺流程

准确秤料→提前制作酵液→水解面团→搅拌面团→基础发酵→分块→预整形→整形→装饰→烘烤。

（三）制作步骤

（1）准备原料，如图2-2-3所示。

（2）制作液体酵种。水、T65面粉、酵母混合均匀后，常温发酵2小时，3℃~4℃冷藏发酵6~8小时，如图2-2-4所示。

（3）水解面团。T65面粉、水放入搅面缸中搅拌均匀后取出，在室温下静置40分钟，如图2-2-5所示。

（4）搅拌面团。将酵母、盐、液体酵种与水解面团放入搅拌桶中，用慢速挡搅拌约10分钟，然后加入水30g，用高速挡搅拌约4分钟至面团不粘缸壁，表面细腻光滑，如图2-2-6所示。

（5）基础发酵。将面团取出后放入托盘盖上保鲜膜（图2-2-7）放入冰箱冷藏40分钟，再将面团翻面，继续冷藏40分钟。

图2-2-3　准备原料

图2-2-4　制作液体酵种

图2-2-5　拌制水解面团

图2-2-6　面团不粘缸壁，表面细腻光滑

图2-2-7　盖上保鲜膜

（6）分块。分割面团，每块重约350g，如图2-2-8所示。

（7）预整形。将小面团放操作台上轻拍、折叠，使面团呈圆柱形或橄榄形后，放在发酵布上松弛约30分钟，如图2-2-9所示。

（8）整形。取出面团，用手掌轻拍排出发酵产生的气体（图2-2-10），面团两边对折1/3后再对折，用手掌跟部处再将面团对接处按压紧实，再搓成长约45cm的长条，放在发酵布上。

（9）发酵。在发酵布上发酵约40分钟（温度30℃，湿度80%），如图2-2-11所示。

（10）装饰。用法棍转移板将面包胚移到烤布上，在面包胚表面用刀片斜划5刀，如图2-2-12所示。

（11）烘烤。用上火245℃，下火220℃，蒸汽5s，烘烤25分钟，法棍面包成品如图2-2-13所示。

图2-2-8 分块

图2-2-9 预整形

图2-2-10 轻拍排出气体

图2-2-11 发酵

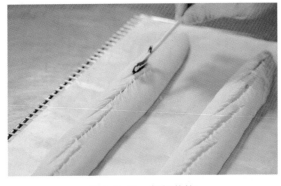

图2-2-12 斜划装饰

图2-2-13 法棍面包成品

（四）制作关键

（1）在温度较低的情况下，面团水解时间要长；若温度较高可以适当缩减水解时间。

（2）面团搅拌完成后，要放入冰箱冷藏发酵，以免温度过高使面团过度发酵。

（五）成品标准

（1）成品表面呈金黄色，整体形态呈长条形。

（2）口感外皮酥脆，内部绵软而稍具延展性。

任务拓展

按照表2-2-2所列的原料，制作流程，制作鲁邦种和农夫包。

表2-2-2　制作鲁邦种和农夫包一览表

鲁邦种	农夫包
原料： 葡萄液酵母菌种：葡萄200g，纯净水600g，白糖或蜂蜜20g； 第一天：T65面粉250g，酵母菌种100g，水150g； 第二天：T65面粉500g，水500g； 第三天：T65面粉1000g，水1000g	原料： T80面粉1000g，水700g，鲁邦种400g，鲜酵母5g，后放水50g，盐20g
制作流程： 1. 葡萄液酵母菌种培养：葡萄液酵母菌种原料混合后放入密封容器里混合摇匀培养6～7天，每天打开2～3次排气； 2. 将第一天培养的原料混合，冷藏发酵24小时； 3. 与第二天培养的材料混合，冷藏发酵24小时； 4. 与第三天培养的材料混合，冷藏发酵24小时后可以使用	制作流程： 1. 将T80面粉、水搅拌均匀，冷藏水解60分钟； 2. 加入鲁邦种、鲜酵母慢速搅拌，面团分次加入后放水，最后加入盐快速搅拌至面团不粘缸，表面光滑； 3. 基础发酵：面团出缸温度26℃，将面团放入周转托盘，把面团归整光滑，温室发酵60分钟，翻面再发酵60分钟； 4. 分块预整形：取出发酵好的面团，分割，每块重约500g，整形为圆形，将分割好的面团光滑面朝下放入发酵篮子中发酵60分钟； 5. 装饰：将发酵好的面团从面包篮子倒在烤盘上，表面撒上面粉，用刀片在面团四周划上四刀呈正方形，中间划两刀呈十字形； 6. 烘烤：上火250℃、下火220℃，蒸汽5s，烤约25分钟
制作关键： 1. 酵母液需要用消毒干净的容器培养； 2. 培养鲁邦种的搅拌器具及容器需消毒处理	制作关键： 1. 在搅拌过程中注意面团温度，出缸时面团温度不能超过26℃； 2. 预整形后，面团光滑面朝下放在面包篮子底部

任务评价

学生完成任务后，按照表2-2-3所列的评价要求开展自评、互评，教师和企业导师根据学生的情况给以评价，并填入表2-2-3。

表2-2-3　制作法棍面包任务评价表

任务名称			班级		姓名		
评价内容	评价要求		评价（是/否）	学生自评	小组互评	教师评价	企业导师评价
制作准备	职业着装是否符合标准：帽子端正、工装整洁、头发不露出帽子		是/否				
	原料是否按照数量备齐		是/否				
	操作工具是否按照种类、数量备齐		是/否				
制作过程	是否水解面团：T65面粉、水放入搅面缸中搅拌均匀后取出，在室温下静置40分钟		是/否				
	搅拌面团：是否先慢速挡搅拌再用快速挡搅拌至面团不粘缸壁，表面细腻光滑		是/否				
	面团：是否先将面团进行基础发酵和预整形		是/否				
	成型：整形手法是否正确（取出面团，用手掌轻拍排出发酵产生的气体，面团两边对折1/3后，用手掌跟处将面团对接处按压紧实，再搓成长约45cm的长条，放在发酵布上）		是/否				
	发酵：成型后需要在发酵布上发酵约40分钟（温度30℃，湿度80%）		是/否				
	烘烤：烤箱温度、烘烤时间是否设定正确（用上火245℃、下火220℃，蒸汽5s，烘烤25分钟）		是/否				
卫生	操作工具干净整洁，无污渍		是/否				
	操作工位案台干净整洁，无杂物		是/否				
	成品器皿干净卫生，无异物		是/否				
成品质量	成品表面成金黄色，整体形态呈长条形		是/否				
	口感外皮酥脆，内部绵软而稍具延展性		是/否				
评价（合格/不合格）（全部为"是"则合格，有一项为"否"则不合格）							

岗课赛证

法棍面包是西式面点师中级考证品种，重点考核硬质面包的搅拌程度的判断和发酵状态。学会判断面团的搅拌程度和面团的发酵状态是中级考证必须掌握的关键技能。

巩固提升

一、选择题

1. 鲜酵母与干酵母的用量换算比是（　　）。
A. 1∶2　　　　B. 1∶3　　　　　　C. 2∶1　　　　　　D. 3∶1

2. 下列属于脆皮面包的是（　　）。
A. 全麦面包　　B. 甜面包　　　　C. 丹麦面包　　　　D. 法国面包

3. 制作面包在发酵过程中，面包的酸碱度（pH）会（　　）。
A. 上升　　　　B. 下降　　　　　C. 不变　　　　　　D. 有时上升、有时下降

4. 硬质面包一般以面粉、全麦粉、杂粮、（　　）、盐为主要原料。
A. 酵母　　　　B. 鸡蛋　　　　　C. 白糖　　　　　　D. 黄油

二、思考题

1. 喷蒸汽与不喷蒸汽烘烤的法棍面包，成品有什么区别？

2. 法棍面包如何与本地饮食特色口味相融合？

任务三　制作吐司面包

任务情境

吐司面包也是面包的基础品种，在师傅的带领下，琪琪逐步掌握了制作松软吐司的方法。与酒店长期合作的公司需要预订吐司面包作为下午茶招待客户，向西饼房发来了订单，琪琪很有信心能圆满完成任务。

微课8　吐司面包

任务目标与要求

制作吐司面包的任务目标与要求见表2-3-1所列。

表2-3-1　制作吐司面包的任务目标与要求

工作任务	制作吐司面包
任务目标	1. 了解制作吐司面包的原料及器具； 2. 熟悉吐司面包的制作工艺流程； 3. 掌握吐司面包成型方法； 4. 掌握吐司面包烘焙方法； 5. 能够根据不同人群的需求，变化吐司面包配方，使吐司面包的口味更加丰富
任务要求	1. 选用适合的蛋糕原料及器具； 2. 制作合格的中种面团； 3. 按正确的投料顺序搅拌面包面团至面筋完全扩展； 4. 将面团整形成3个重150g、大小均匀的吐司面坯，3个为一组入模； 5. 判断面包最后醒发程度：醒发至模具八分满； 6. 将面包烤制成熟：浅黄色、端正饱满，不收腰，外脆内松软，不黏牙； 7. 个人独立完成任务； 8. 操作过程符合职业素养要求和安全操作规范； 9. 产品达到企业标准，符合食品卫生要求

知识准备

吐司是西式面包的一种，是英文toast的音译。用长方形带盖的或不带盖的烤模制作。吐司的分类依据外观形状来分，可分为山形吐司和方形吐司。山形吐司因为不加盖子，所以烤熟的面包会向上膨胀，看起来像小山丘似的，皮质酥脆，口感更为松散。方形吐司因为盒子加了盖，向上膨胀遇顶，所以形状方正如货车车厢，口感绵密、温润、柔软。

一、工具

（一）面包模具

面包模具中最常见的就是用来烤吐司的方形吐司盒。不带盖的能烤山形吐司，带盖则能烤方形吐司。材质有阳极铝模和带不粘涂层的不粘模，不粘模能更好地脱模。除了方形模，还有正方体、车轮形、梅花形等不同形状的模具，能让烤出来的吐司切面有各种可爱的形状。一些做蛋糕的模具也能用来充当吐司面包模具（图2-3-1），如中空蛋糕模、连模、圆模等。

（a）中空蛋糕模　　　　　　（b）蛋糕连模　　　　　　（c）蛋糕圆模

图2-3-1　可当吐司面包模具的蛋糕模具

（二）擀面杖

制作面食，擀面杖是必不可少的工具，常用来给面团排气、整形。擀面杖常见的材质有木制的、竹制的、不锈钢的、塑料的，有长的、短的，有滚筒形的、两头尖尖梭子形的，有带浮点孔眼的，它们各有优缺点，我们应根据需要选择适合的擀面杖。

二、二次发酵法

二次发酵法又称中种发酵法或间接发酵法，采用二次搅拌、二次发酵的工艺来制作。此方法将配方中面粉分成两部分，第一次搅拌的面粉投入量为全部面粉的70%～85%，然后放入相应的水，以及所有的酵母、改良剂等，用中、慢的速度搅拌4分钟，使其成为粗糙且均匀的面团，此时的面团叫中种面团。将中种面团放入发酵室进行第一次发酵，待面团发酵至4～5倍体积时，再与配方中剩余的面粉、盐及各种辅料一起进行第二次搅拌至面筋充分扩展，此时的面团叫主面团，再经短时间的延续发酵，即可进行分割整形。二次发酵法制作出的面包因酵母有足够的时间繁殖，成品体积较一次发酵更大，面包内部组织细密柔软，富有弹性，发酵的香味浓厚。

三、吐司面包成型方法

我们可通过擀、包、卷、搓、切、编、扭、割等动作，对面团进行成型操作，使面包具有不同的造型，外观更诱人、有食欲。吐司面包的成型是通过两次擀、卷，使内部纹路组织更均匀细腻。

四、吐司面包的烘烤

烘烤过程大致分为以下四阶段：

（1）烘烤急胀阶段：面团内部温度约60℃，酵母作用使产气量剧增，面团体积迅速变大。

(2) 定型阶段：面团内部温度在60℃以上，制品基本定型。

(3) 表皮颜色形成阶段：面团温度达150℃以上，发生美拉德反应，产生芳香物质。

(4) 烘烤完成阶段：内部组织完全成熟，面包上色均匀。

任务实施

一、原料配方

1. 中种面团

高筋面粉500g，细砂糖30g，鲜酵母5g（干酵母2g），水300g。

2. 烫种

盐5g，糖25g，水250g，面包面粉125g。

3. 吐司主面团

冰水230g，细砂糖90g，高筋面粉500g，奶粉20g，干酵母10g（或鲜酵母30g），中种面团900g，烫种面团200g，盐12g，黄油100g，鸡蛋50g。

二、制作过程

（一）工具准备

电子秤、刮板、玻璃碗、保鲜膜、吐司模具、刮刀、擀面杖、搅面机、烤箱、托盘、晾网。

（二）工艺流程

准确秤料→制作面种→搅拌面团→面团分块→整形面团→入模发酵→烘烤→脱模。

（三）制作步骤

(1) 准备原料，如图2-3-2所示。

(2) 制作烫种面团。将水、盐、糖一起煮至沸腾后倒入搅拌桶，将高筋面粉放入搅拌桶内用慢速挡搅拌，搅拌至无干粉、无颗粒、不粘手、有弹性。面团取出后用保鲜膜贴合包紧，温室放凉，冷藏一夜后使用，如图2-3-3所示。

图2-3-2 准备原料

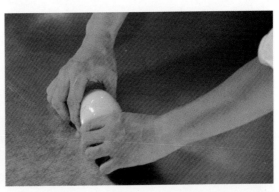

图2-3-3 保鲜膜包紧，放凉后冷藏

（3）预制作中种面团。将面团原料投入搅面机搅拌至八成面筋，常温发酵2小时或冷藏发酵8小时，如图2-3-4所示。

（4）将冰水、细砂糖、高筋面粉、奶粉、干酵母用慢速挡搅拌成面团后加入中种面团，转高速挡搅拌至七成面筋，如图2-3-5所示；加入烫种面团，慢速挡混合均匀至七成面筋，如图2-3-6所示；面团搅拌至八成面筋加入黄油，搅拌至黄油均匀分布在面团后，转高速挡搅拌至面团十成面筋，如图2-3-7所示；取出面团，保鲜膜包裹，冷藏发酵40分钟，如图2-3-8所示。

（5）将面团分成每个重100g的面剂，然后滚圆，常温发酵20分钟，如图2-3-9所示；将面团整形为圆柱形，如图2-3-10所示；放入吐司模具（图2-3-11），在湿度80%、温度30℃条件下发酵约90分钟。

（6）发酵好后，模具盖上盖子放入上火200℃、下火190℃的烤箱中烘烤20分钟后，以90°倾倒再烤约20分钟。出炉后，脱模放在晾网上冷却，如图2-3-12所示，吐司面包成品如图2-3-13所示。

图2-3-4　预制作中种面团

图2-3-5　主面团原料拌成面团后加入中种面团

图2-3-6　七成面筋

图2-3-7　十成面筋

图2-3-8　冷藏发酵40分钟

图2-3-9　发酵20分钟

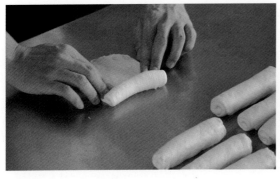

图2-3-10 整形

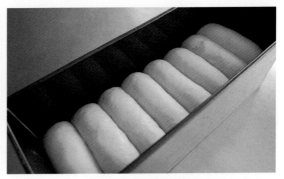

图2-3-11 放入模具

图2-3-12 冷却

图2-3-13 吐司面包成品

（四）制作关键

（1）分割的面团要大小均匀，整形时长短大小须一致。

（2）注意面团的发酵时间和发酵程度，发酵过度会影响面包模具盖盖子，发酵不够吐司面包成品不饱满。

（五）成品标准

（1）成品表面为均匀的金黄色，呈长方形。

（2）口感香软蓬松、香甜味突出。

任务拓展

按照表2-3-2所列的原料、制作流程，制作双色吐司面包和南瓜吐司面包。

表2-3-2 制作双色吐司和南瓜吐司一览表

双色吐司（直接发酵法）	南瓜吐司（直接发酵法）
原料： 面包面粉1000g，鸡蛋100g，奶粉40g，干酵母10g，冰水460g，细砂糖200g，盐10g，黄油80g，紫薯粉30g	原料： 面包面粉1000g，鸡蛋100g，奶粉40g，干酵母10g，蒸熟南瓜泥400g，冰水240g，细砂糖160g，盐8g，黄油100g

（续表）

双色吐司（直接发酵法）	南瓜吐司（直接发酵法）
制作流程： 1. 将原料按直接发酵方法搅拌成面包面团； 2. 用1/3的面包面团加入紫薯粉搅拌均匀成紫薯面包面团； 3. 将面包面团分为每个300g的剂子，紫薯面团分为每个150g的剂子，静置15分钟； 4. 将面包面团、紫薯面团分别擀成长条形，紫薯面团叠在面包面团上，卷制成长条柱形； 5. 用刀将长条柱形的面团中间切开，头部预留约3cm，不切断，两段交叉成麻花状后放入450g的吐司模具中； 6. 在湿度80%、温度30℃～33℃的发酵箱中发酵约90分钟； 7. 盖上模具，放入烤箱，上、下火200℃，烤约25分钟； 8. 出炉后脱模，冷却切片	制作流程： 1. 将原料按直接发酵方法搅拌成面包面团； 2. 取出后将面团分为每个150g，滚圆静置15分钟； 3. 将面团整形成长条柱形，放入450g的模具，在湿度80%、温度30℃～33℃的发酵箱中发酵约90分钟； 4. 盖上模具，放入烤箱，上、下火200℃，烤约25分钟； 5. 出炉后脱模，冷却切片
制作关键： 1. 分割面团时要大小均匀，滚圆时要圆，表面光滑； 2. 紫薯面团搅拌均匀即可，搅拌时间过长，面团容易发热使面团加速发酵，不便操作	制作关键： 1. 分割面团时要大小均匀，滚圆时要圆，表面光滑； 2. 将整形好的面团均匀放置在吐司模具中，让面团均匀的发酵

任务评价

学生完成任务后，按照表2-3-3所列的评价要求，开展自评、互评，教师和企业导师根据学生制作的情况给以评价，并填入表2-3-3。

表2-3-3　制作吐司面包任务评价表

任务名称		班级		姓名		
评价内容	评价要求	评价（是/否）	学生自评	小组互评	教师评价	企业导师评价
制作准备	职业着装是否符合标准：帽子端正、工装整洁、头发不露出帽子	是/否				
	原料是否按照数量备齐	是/否				
	操作工具是否按照种类、数量备齐	是/否				
制作过程	烫种面团：是否按照流程顺序将水、盐、糖一起煮至沸腾后倒入面粉中，搅拌至无干粉、无颗粒、不粘手、有弹性	是/否				

（续表）

评价内容	评价要求	评价（是/否）	学生自评	小组互评	教师评价	企业导师评价
制作过程	预制中种面团：面团原料投入搅面机搅拌至八成面筋，常温发酵2小时或冷藏8小时	是/否				
	面团制作：是否将主面团材料以慢速挡搅拌成面团后加入中种面团，转快速挡搅拌至七成面筋再加入烫种面团	是/否				
	成型：将面团分每个100g后滚圆，静置20分钟，然后搓成适合模具大小的圆柱形	是/否				
	发酵：发酵条件是否达到湿度80%，温度30℃，发酵约90分钟	是/否				
	烘烤：烤箱温度、烘烤时间是否设定正确，即盖上盖子放入上火200℃，下火190℃烤约20分钟后，90°倾倒再烤约20分钟。	是/否				
卫生	操作工具干净整洁，无污渍	是/否				
	操作工位案台干净整洁，无杂物	是/否				
	成品器皿干净卫生，无异物	是/否				
成品质量	成品表面成均匀金黄色，呈长方形	是/否				
	口感香软蓬松、香甜味突出	是/否				
评价（合格/不合格） （全部为"是"则合格，有一项为"否"则不合格）						

岗课赛证

吐司面包是西式早餐常见品种，经常出现在西式早餐和下午茶中。制作吐司面包需要重点掌握吐司面团的搅拌、成型手法、醒发程度。我们通过到烘焙岗位中积累制作经验，提高技术，学会研发与创新，以达到企业面包烘焙师的要求。

巩固提升

一、选择题

1. 中种面团的原料不含（　　）。

A. 盐　　　　　　B. 酵母　　　　　　C. 面粉　　　　　　D. 水

2. 包装吐司面包的主要目的是（　　）。

A. 保持新鲜　　　　　　　　B. 防止老化

C. 提高面包商品价值　　　　D. 以上都是

3. 吐司面包成品表皮颜色太深可能是（　　　）。

A. 烘烤时间过长　　　　　　　B. 烤箱温度太高

C. 面包面团糖量过高　　　　　D. 以上都是

4. 以下属于吐司面包发酵不足的情况是（　　　）。

A. 吐司质感结实不饱满　　　　B. 吐司重量减少

B. 吐司烘烤脱模后饱满平整　　D. 吐司重量增加

二、思考题

1. 发酵不足、发酵成熟、发酵过度对吐司面包有哪些影响？

2. 制作吐司面包时，为丰富产品的口味，可以如何改变配方？

模块三　饼干类

思政导读

随着社会经济的发展，人民生活水平的提高，消费者一方面对饼干的需求呈不断增长的趋势，另一方面对饼干的种类有了更加多元化的需求。目前国内饼干市场以夹心饼干、曲奇饼干、小食饼干等为主，其中，曲奇饼干等品类增长迅速。

任务一　制作蔓越莓饼干

微课9　蔓越莓饼干

任务情境

西饼房除了需要安排每日的业务量，管理面包的生产全过程，还要不断调整产品结构，提高西点制作技艺，对传统品种进行大胆创新。这就需要我们始终保持热心，遇到酒店举行的活动，帮忙想点子、出主意，时刻把酒店的任务与自己的工作岗位相联系。

琪琪对面包类的学习已告一段落，正进入饼干类西点的制作学习。恰巧酒店即将举行新一季的产品发布会，琪琪提出自己的创意，准备制作一款添加蔓越莓的饼干作为茶歇点心，供到访客人享用。

任务目标与要求

制作蔓越莓饼干的任务目标与要求见表3-1-1所列。

表3-1-1　制作蔓越莓饼干的任务目标与要求

工作任务	制作一份蔓越莓饼干
任务目的	1. 了解蔓越莓饼干使用的原料； 2. 能够采用混合法制作色泽金黄、口感酥脆、大小、厚薄一致的蔓越莓饼干； 3. 能结合传统节日元素，完成蔓越莓饼干造型创新
任务要求	1. 选用适合的原料及器具； 2. 按正确的投料顺序混拌饼干面团； 3. 将面团整形成直径为4cm的圆柱形； 4. 将饼干烤制成熟，成品色泽金黄，内部无生面； 5. 个人独立完成任务； 6. 操作过程符合职业素养要求和安全操作规范； 7. 产品达到企业标准，符合食品卫生要求

图3-1-1　蔓越莓干

图3-1-2　发酵黄油

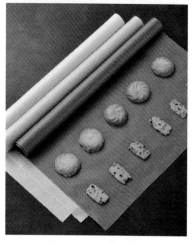

图3-1-3　高温布

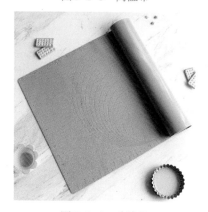

图3-1-4　硅胶垫

知识准备

饼干是以小麦面粉为主要原料，加入糖、油以及其他原料，经过调粉、成型、烘烤等工艺制成的口感酥松或松脆的食品。

一、原料和工具

（一）蔓越莓干

蔓越莓又称蔓越橘、小红莓，花呈粉红色，钟状花序。红色浆果富含维生素C、类黄酮素等抗氧化物质及丰富果胶，可做水果食用。蔓越莓干（图3-1-1）可以搭配制作蛋糕、饼干、冰激凌，以及甜点的馅料。

（二）发酵黄油

黄油按照是否增加发酵工序来分类，可分为发酵黄油（图3-1-2）和普通黄油。其中，发酵黄油增加了酵母、发酵粉等原料，在普通黄油的制作工序上增加了发酵工艺，使黄油有自然酸味，质地更软，风味独特，口感更佳。

（三）高温布和硅胶垫

高温布（图3-1-3）可耐高温，无毒，不粘，与硅胶垫有着类似的功能。烘烤饼干时可以选用高温布，烘烤马卡龙时可以选用硅胶垫（图3-1-4），它们能起到防粘作用，有效地防止成品在成熟时出现粘底的情况。

二、蔓越莓饼干面团类型

不同的饼干配方及原料比例，制作形成的饼干面团性质也不一样，主要分为韧性面团和酥性面团。酥性面团具有可塑性和黏弹性，揉软细腻，不粘手，适合挤注和手工造型。蔓越莓饼干面团属于酥性面团。

三、蔓越莓饼干搅拌方法

蔓越莓饼干采用混合法搅拌面团。混合法是将所有原料混合搅拌的方法，无须打发黄油，原料混合均匀即可，适用于富有嚼劲的饼干。

四、蔓越莓饼干成型方法

蔓越莓饼干成型采用冷藏法。冷藏法成型需提前把面团做好，根据品种制作要求将面团搓成长条形或放入定型模具中，再用保鲜膜将面团裹好放入冰箱冷藏，然后将冷藏好的面团切成均匀的面片，最后烤制成熟。

任务实施

一、原料配方

细砂糖80g，黄油110g，鸡蛋50g，盐2g，低筋面粉250g，奶粉20g，蔓越莓干50g。

二、制作过程

（一）工具准备

软刮板、刀、电子秤、模具、高温布、拌料盆、烤盘、烤箱等。

（二）工艺流程

和面→预整形→冷冻→成形→烘烤→装盘。

（三）制作步骤

（1）原料准备，如图3-1-5所示。

（2）混合黄油和细砂糖，加入少量盐，如图3-1-6所示；分次加入鸡蛋混合均匀，如图3-1-7所示。

（3）面粉和奶粉混合过筛，加入盆中，用翻拌或折叠手法混合均匀，直至看不到面粉颗粒即可，如图3-1-8所示。

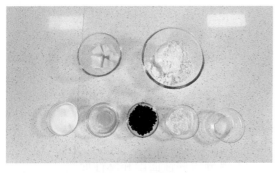

图3-1-5　原料准备

图3-1-6　混合黄油和细砂糖

图3-1-7　加入鸡蛋混合均匀

图3-1-8　过筛面粉放入和面

（4）加入蔓越莓干（图3-1-9），稍微拌和，使蔓越莓果干与面团混合。

（5）将面团放入模具，预整形为4cm×4cm×20cm的长方体后，放入冰箱中冷冻约3小时，如图3-1-10所示；将冷冻好的饼干面团取出，切成厚度为3～4mm的片状，如图3-1-11所示。

（6）将生饼干片均匀地摆在烤盘上，如图3-1-12所示；放入上火180℃、下火170℃烤箱中烘烤约15分钟（烘烤时间可以根据饼干量适当增减）。

（7）从烤箱中取出烤盘，如图3-1-13所示。冷却后装盘，如图3-1-14所示。

图3-1-9　加入蔓越莓干

图3-1-10　预整形为4×4×20cm的长方体

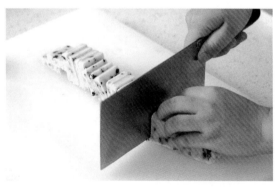

图3-1-11　将冷冻好的饼干面团切成片状

图3-1-12　均匀摆在烤盘上

图3-1-13　从烤箱取出烤盘

图3-1-14　冷却后装盘

（四）制作关键

（1）在调制饼干面团过程中，尽量轻拌和面，避免面团起筋而影响饼干成型和口感。

（2）饼干面团要冷冻至硬，以方便切片成型。

（3）饼干切片均匀，放入烤盘也需均匀摆放，以方便烘烤成熟。

（五）成品标准

（1）色泽金黄，成品厚薄、大小一致。

（2）口感酥脆，香甜可口。

任务拓展

按照3-1-2所列的原料、制作流程，制作巧克力杏仁饼干和抹茶核桃饼干。

表3-1-2 制作巧克力杏仁饼干和抹茶核桃饼干一览表

巧克力杏仁饼干	抹茶核桃饼干
原料： 黄油125g，细砂糖100g，鸡蛋50g，低筋面粉200g，可可粉20g，杏仁粉20g，巴旦杏仁50g，耐烤巧克力豆50g	原料： 黄油120g，糖粉90g，鸡蛋50g，低筋面粉250g，抹茶粉5g，核桃仁80g
制作流程： 1. 将黄油、细砂糖混合拌匀，加入鸡蛋搅拌至乳白色； 2. 加入过筛好的低筋面粉、可可粉、杏仁粉，和成面团； 3. 加入切碎的杏仁、巧克力豆，用折叠手法将材料混合成饼干面团； 4. 饼干面团搓成约直径3cm的圆条（或放入方形条状模具中定型），放入冰箱冷冻约1小时至硬，以便于切片成型； 5. 将冻硬的饼干用刀切厚3~4mm的饼干坯； 6. 把饼干坯均匀地摆放在烤盘上，用上火170℃、下火160℃烘烤约15分钟； 7. 饼干出炉冷却，装盘	制作流程： 1. 将黄油、糖粉混合拌匀，加入鸡蛋搅拌至乳白色； 2. 加入过筛好的低筋面粉、抹茶粉和成面团； 3. 加入切碎的核桃仁，用折叠的手法将其混合成饼干面团； 4. 饼干面团搓成约直径3cm的圆条（或放入方形条状模具中定型），放入冰箱冷冻约1小时至硬，以便于切片成型； 5. 将冻硬的饼干用刀切成厚3~4mm的饼干坯； 6. 把饼干坯均匀的摆放在烤盘上，用上火165℃、下火160℃烘烤约18分钟； 7. 饼干出炉冷却，装盘
制作关键： 1. 在调制饼干面团过程中，尽量轻拌和面，避免面团起筋而影响饼干成型和口感； 2. 烘烤时要把控好烘烤时间，可根据烤箱中饼干数量适当增减时间	制作关键： 1. 注意判断饼干冰冻的软硬程度，面团过硬难切，面团过软易变形； 2. 抹茶粉高温烘烤时易变色，烘烤时可以根据食材的情况降低烘烤温度或增减烘烤时间

任务评价

学生完成任务后，按照表3-1-3所列的评价要求，开展自评、互评，教师和企业导师根据学生的情况给以评价，并填入表3-1-3。

表3-1-3 制作蔓越莓饼干评价表

任务名称	蔓越莓饼干		班级		姓名		
评价内容	评价要求	评价（是/否）	学生自评	小组互评	教师评价	企业导师评价	
制作准备	职业着装是否符合标准：帽子端正、工装整洁、头发不露出帽子	是/否					
	原料是否按照数量备齐	是/否					
	操作工具是否按照种类、数量备齐	是/否					
制作过程	和面：拌料、和面是否采用折叠手法	是/否					
	冷冻：面团冷冻后是否达到按压不散的成型要求	是/否					
	成型：切片厚薄度为3~4mm	是/否					
	烘烤：烤箱温度、烘烤时间是否把握正确，即烤箱上火180℃、下火170℃，烘烤约15分钟	是/否					
	装盘：摆放是否整齐规则	是/否					
卫生	操作工具干净整洁，无污渍	是/否					
	操作工位案台干净整洁，无杂物	是/否					
	成品器皿干净卫生，无异物	是/否					
成品质量	色泽金黄，成品厚薄、大小一致	是/否					
	口感酥脆，香甜可口；饼干中蔓越莓保持原有味道，不干不苦	是/否					
评价（合格/不合格）（全部为"是"则合格，有一项为"否"则不合格）							

岗课赛证

蔓越莓饼干是婚礼甜品台和会议茶歇的常见饼干品种，在喝咖啡时也常常搭配蔓越莓饼干。制作蔓越莓饼干需要重点掌握混酥面团的调制成型和烘烤技巧。

巩固提升

一、选择题

1. 蔓越莓中富含大量的（ ）。

A. 维生素C   B. 钙   C. B族维生素   D. 糖分

2. 动物性油脂应在（　　）环境下储藏。

A. 日光高温　　　　B. 低温潮湿　　　　C. 常温干燥　　　　D. 低温冷藏

3. 制作饼干应该选择的面粉种类是（　　）。

A. 高筋面粉　　　　　　　　　　B. 中筋面粉

C. 低筋面粉　　　　　　　　　　D. 以上种类均可使用

4. 烘烤饼干时应（　　）。

A. 高温短时间烘烤　　　　　　　B. 高温长时间烘烤

C. 低温长时间烘烤　　　　　　　D. 低温短时间烘烤

二、思考题

1. 蔓越莓饼干面团分别使用糖粉、细砂糖、白糖来制作，会对成品产生什么影响？

2. 请结合专业所学，谈谈在制作蔓越莓饼干时如何融入节假日元素进行创新？

任务 <u>二</u>　制作奶油曲奇饼干

任务情境

进入秋冬季节，酒店网上商城开启了西点线上销售。琪琪利用自己在网络媒体上获取到的资讯，结合师傅传授的曲奇饼制作方法，制作了一份奶油曲奇饼干礼盒，供线上销售。

任务目标与要求

制作奶油曲奇饼干的任务目标与要求见表3-2-1所列。

表3-2-1　制作奶油曲奇饼干的任务目标与要求

工作任务	制作16个8齿裱花嘴挤的奶油曲奇饼
任务目标	1. 熟悉曲奇饼的制作工艺流程； 2. 掌握曲奇饼黄油面糊的打发技巧； 3. 学会正确判断曲奇饼黄油面糊的打发程度； 4. 掌握曲奇饼的花型挤注手法； 5. 掌握曲奇饼的烘焙方法； 6. 能变化奶油曲奇饼干配方，制出另外一款造型新颖、口味别致的奶油曲奇饼干
任务要求	1. 按正确的投料顺序混拌曲奇面糊； 2. 黄油面糊打发至体积蓬松，颜色乳白，如羽毛絮状； 3. 用正确的翻拌手法拌合面糊； 4. 用齿形花嘴挤注形状大小一致的花式曲奇； 5. 将饼干烤制成熟，饼干颜色浅黄，内部无生面； 6. 个人独立完成任务； 7. 操作过程符合职业素养要求和安全操作规范

微课10　奶油曲奇饼干

知识准备

曲奇饼干在欧洲国家解释为细小而扁平的蛋糕式的饼干。奶油曲奇以黄油、面粉、鸡蛋为主要原料，制作时需要把黄油打发，因此有口感酥松、入口即化的特点。奶油曲奇有旋转玫瑰形、太阳花形、圆环形、S形、珍妮曲奇形等，灵活使用花嘴，可以挤出多种曲奇造型。

一、原料

（一）人造黄油

图3-2-1　人造黄油

人造黄油（图3-2-1）又称麦淇淋和玛琪琳，是以氢化油为主要原料，添加水和适量的牛奶或乳制品、色素、香料、乳化剂、防腐剂、抗氧化剂、盐和维生素，经混合、乳化等工序而制成的。优良的人造黄油具有人造黄油的特殊滋味，无异味；加盐的微有咸味，加糖的微有甜味。人造黄油一般用于调味、烘焙和烹饪的涂抹酱料。人造黄油因其成本低、熔点高、易保存、易操作的特点，常用作黄油的替代品。

（二）无水黄油

无水黄油（图3-2-2）是从黄油中提炼出的液态牛奶脂肪，通常由普通黄油加热蒸发水分后，撇去漂浮物并摒弃沉淀物而得。无水黄油熔点比普通黄油熔点高，常用于制作西餐。无水黄油几乎不含有乳糖，乳糖不耐受的人群也可以食用。与普通黄油相比，无水黄油可以储藏得更久，生产成本更高。

图3-2-2　无水黄油

（三）糖粉

糖粉（图3-2-3）的颗粒非常细，是一种洁白的粉末状糖类。糖粉分为白砂糖粉和冰糖粉。前者通常用于西点制作，后者多用于制作高档饮料的甜味剂。糖粉由于晶粒细小，很容易吸水结块，通常采用两种方法解决，一是在糖粉里添加3%～10%的淀粉，使糖粉不易凝结，但这样会破坏糖粉的风味；二是把糖粉用小规格铝膜袋包装，再置于大的包装内密封保存，每次使用一小袋。

图3-2-3　糖粉

二、工具

（一）裱花嘴

裱花嘴（图3-2-4），用于定型奶油形状的圆锥形工具，一般为铁质或不锈钢材质，装入圆锥形裱花袋使用。裱花嘴有多种形状，如星形嘴、菊花嘴等，可以将奶油挤出不同的造型。

（二）裱花袋

裱花袋（图3-2-5）是西点制作的常用工具之一，常用于制作曲奇、蛋糕裱花等。其形状为三角形，材质有塑料、棉质、硅胶等。有大、中、小三种型号，使用时只要在其底部剪去一个合适的角，套上适合的裱花嘴即可。

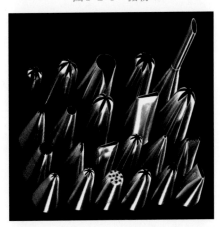

图3-2-4　裱花嘴

三、奶油曲奇的搅拌方法

奶油曲奇饼采用乳化法来制作，需要将黄油、糖和鸡蛋混合后搅打至乳化状态，再与粉类原料混合。这种方法制作的曲奇饼利于挤注造型，口感酥松，纹路清晰。

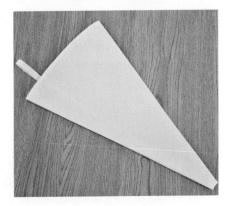

图3-2-5　裱花袋

四、挤注法

挤注法是将面糊装入裱花袋，利用裱花嘴挤出需要的形状。操作时，要将裱花嘴悬在一定的高度，保持均匀的挤面糊量，要求力度要均匀，能做出各种变化的花纹。这种手法适用于较软的面团，往往是一个一个断开来做，其技巧为一挤、一松、一顿。

任务实施

一、原料配方

车轮黄油100g，安佳黄油100g，糖粉150g，鸡蛋100g，低筋面粉300g，奶粉20g。

二、制作过程

（一）工具准备

裱花袋、裱花嘴、软刮刀、拌料盆、打蛋机、烤盘、烤箱。

（二）工艺流程

准备原料→打发黄油→混合材料→成型→烘烤→装盘。

（三）制作步骤

（1）准备原料，如图3-2-6所示。

（2）在室温下软化无水黄油与人造黄油，如图3-2-7所示；将软化后的黄油和糖粉一起放入打蛋桶中，打发至黄油呈乳白色，如图3-2-8所示。

（3）分3～5次加入鸡蛋，打发至糖、油完全吸收蛋液，黄油体积膨松，颜色乳白如绒毛状，如图3-2-9所示。

图3-2-6　准备原料

图3-2-7　软化无水黄油与人造黄油

图3-2-8　糖分和黄油混合打发

图3-2-9　黄油体积膨松如绒毛状

（4）加入过筛好的低筋面粉和奶粉，如图3-2-10所示。用刮刀翻拌曲奇饼面糊，如图3-2-11所示。

（5）将曲奇饼面糊装入有裱花嘴的裱花袋中，如图3-2-12所示。将面糊均匀地挤在烤盘上，如图3-2-13所示。将烤盘放入烤箱，用上火180℃、下火165℃烘烤约15分钟。

（6）取出冷却后装盘，如图3-2-14所示；奶油曲奇饼干的成品如图3-2-15所示。

图3-2-10 加入过筛好的低筋面粉和奶粉

图3-2-11 搅拌曲奇饼面糊

图3-2-12 将曲奇饼面糊装入有裱花嘴的裱花袋

图3-2-13 挤入烤盘成型

图3-2-14 取出冷却后装盘

图3-2-15 奶油曲奇饼成品

（四）制作关键

（1）曲奇饼大小、厚薄均匀，每个饼之间间隔相同，便于烘烤。

（2）烘烤时要根据烤箱内饼干的数量，适当增减烘烤时间。

（五）成品标准

（1）成品色泽金黄，大小一致，花型美观。

（2）口感酥脆，味道香甜。

任务拓展

按照表3-2-2所列的原料、制作流程，制作香葱曲奇饼干和巧克力杏仁曲奇饼干。

表3-2-2　制作香葱曲奇饼干和巧克力杏仁曲奇饼干一览表

香葱曲奇饼干	巧克力杏仁曲奇饼干
原料： 黄油250g，糖粉200g，盐10g，液态酥油175g，纯净水175g，低筋面粉650g，葱花（葱叶部分）50g	原料： 黄油180g，无水黄油60g，糖粉125g，盐6g，臭粉0.5g，水50g，低筋面粉280g，可可粉15g，杏仁50粒
制作流程： 1. 将软化黄油、糖粉、盐放入打蛋桶内，快速打发至乳白色； 2. 边打发边加入液态酥油，再边打发边加入水，打发至白色发泡的乳沫状； 3. 加入过筛的低筋面粉，慢速挡搅拌均匀，最后加葱花混合均匀成香葱曲奇饼面团糊；将面糊装入带有裱花嘴的裱花袋，均匀地挤在烤盘上； 4. 放入烤箱，上火170℃、下火160℃，烘烤约15分钟，饼干边缘有微黄色，成熟即可取出	制作流程： 1. 将黄油、无水酥油放入打蛋桶，先慢速挡混合，加入糖粉、盐后用快速打发至乳白色； 2. 臭粉融入水中，边打发边加入； 3. 加入过筛的低筋面粉、可可粉用慢速挡搅拌均匀，取出后装入带有裱花嘴的裱花袋； 4. 在烤盘上均匀地挤出曲奇图案，在饼干中间放上1粒杏仁； 5. 放入烤箱，上火170℃、下火150℃，烘烤约15分钟，饼干边缘有微黄色，成熟即可取出
制作关键： 1. 边打发边加入液态酥油、水，不可一次倒入； 2. 饼干挤入烤盘的大小要一致，方便整体烘烤成熟	制作关键： 1. 边打发边加入液体，不可一次倒入； 2. 低筋面粉、可可粉需过筛后再放入，并且用慢速挡或手动将曲奇面糊拌均匀

任务评价

学生完成任务后，按照表3-2-3所列的评价要求，开展自评、互评，教师和企业导师根据学生的制作情况给以评价，并填入表3-2-3。

表3-2-3　制作奶油曲奇饼干任务评价表

任务名称			班级		姓名	
评价内容	评价要求	评价 （是/否）	学生自评	小组互评	教师评价	企业导师评价
制作准备	职业着装是否符合标准：帽子端正、工装整洁、头发不露出帽子	是/否				
	原料是否按照数量备齐	是/否				
	操作工具是否按照种类、数量备齐	是/否				
制作过程	打发：是否将无水黄油与人造黄油放入打蛋桶打发成乳白色	是/否				
	原料打发是否按照先加入糖粉，然后再加入鸡蛋，打发至油、糖完全吸收的顺序完成	是/否				

（续表）

评价内容	评价要求	评价（是/否）	学生自评	小组互评	教师评价	企业导师评价
制作过程	过筛：低筋面粉和奶粉是否过筛后再使用	是/否				
	成型：曲奇面糊是否使用8齿裱花嘴成型	是/否				
	烘烤：烤箱温度、烘烤时间是否把握正确，即上火180℃、下火165℃，烘烤约15分钟	是/否				
	装盘：摆放是否整齐、规则、美观	是/否				
卫生	操作工具干净整洁，无污渍	是/否				
	操作工位案台干净整洁，无杂物	是/否				
	成品器皿干净卫生，无异物	是/否				
成品质量	成品色泽金黄，大小一致，花型美观	是/否				
	口感酥松脆，味道香甜	是/否				
评价（合格/不合格） （全部为"是"则合格，有一项为"否"则不合格）						

岗课赛证

奶油曲奇饼干是各地职工技能大赛的比赛品种，常常出现在各大赛场上。制作奶油曲奇饼干需要重点掌握混酥面团的调制和成型手法，经过烘烤达到颜色要求。通过学习技能比赛品种，学会使用不同的成型手法进行造型、口味创新，提高创新意识，达到以赛促学的要求。

巩固提升

一、选择题

1. 制作曲奇饼类点心时，糖类一般选择（　　　）。

A. 白砂糖　　　B. 糖浆　　　　　C. 糖粉　　　　　D. 冰糖

2. 曲奇饼干成型的方法是（　　　）。

A. 擀制法　　　B. 裱注法　　　　C. 揉搓法　　　　D. 模板法

3. 烘烤曲奇饼干时不正确的是（　　　）。

A. 烤盘内曲奇饼干大小相同，摆放整齐

B. 160℃～170℃低温烘烤

C. 烤箱内有多盘曲奇饼干，同时烘烤，同时出炉

D. 烤盘内各种不同形状曲奇饼干，用220℃高温快速烘烤

4. 为使曲奇饼干成品色泽金黄，配方中可以添加（　　　）。

A. 玉米淀粉　　　B. 奶粉　　　　　C. 防腐剂　　　　D. 膨松剂

二、思考题

1. 当曲奇饼干裱注成型大小不一时，如何烘烤才能达到色泽和成熟度一致?

2. 在奶油曲奇饼干制作过程中，你如何发挥创造力和想象力，设计饼干独特的口感和造型?

任务三 制作卡通造型曲奇

任务情境

酒店宴会部承接了一场百日宴，顾客希望酒店能提供可爱有趣的伴手礼。琪琪综合了所学的西点知识，结合顾客实际需求，计划制作卡通造型曲奇饼作为百日宴的伴手礼。

任务目标与要求

制作卡通造型曲奇的任务目标与要求见表3-3-1所列。

表3-3-1 制作卡通造型曲奇的任务目标与要求

工作任务	制作30份卡通造型曲奇
任务目标	1. 掌握卡通造型曲奇面团的制作工艺； 2. 学会运用卡通造型曲奇的成型方法； 3. 学会灵活运用卡通造型曲奇的装饰技巧； 4. 能够掌握卡通造型曲奇饼干包装技能
任务实施要求	1. 用正确的叠压手法混合面团； 2. 将面团擀成厚度为3mm的厚薄均匀的面片； 3. 使用符合主题的模具； 4. 冷藏饼干面坯至定型； 5. 将饼干烤制成熟，饼干色泽浅黄，内部无生面； 6. 调制流动性糖霜、半流动性糖霜、尖峰状态糖霜； 7. 个人独立完成任务； 8. 操作过程符合职业素养要求和安全操作规范

微课11 卡通造型曲奇

知识准备

卡通曲奇，即形状为卡通形象的饼干，也可使用动物植物图案。卡通饼干形状多样，装饰起来颜色鲜艳，图案可爱，口感香脆，可当作下午点心、孩子零食或节日礼品等。

一、原料知识

(一)蛋白粉

蛋白粉可分为烘焙用蛋白粉和保健品蛋白粉。烘焙用蛋白粉是用蛋清加工而成的，也可以称为蛋清粉（图3-3-1）或固态蛋清。这是一种烘焙原料，如在制作马卡龙时添加蛋白粉，可以有效控制水分，并发挥蛋清的某些加工特性。保健品蛋白粉可从大豆加工中取得（图3-3-2），因为大豆是全蛋白食物，含有人体必需的8种氨基酸，与肉类的蛋白组成接近。其储存方式为常温密封保存即可。

图3-3-1 蛋清粉

图3-3-2 大豆蛋白粉

图3-3-3　玉米糖浆

图3-3-4　饼干印模

图3-3-5　饼干平衡尺

（二）玉米糖浆

玉米糖浆（图3-3-3）是用玉米淀粉，经过多种酶水解而制得以麦芽糖为主的糖浆。玉米糖浆是一种无色黏稠的液体，质体清亮、透明，口感温和，甜度低，有麦芽香味，具有熬煮温度高、冰点低、抗结晶等诸多优点。玉米糖浆在食品行业中主要用作增稠剂、甜味剂和保湿剂（——保持水分，保持食品新鲜度的成分）。它被用于果酱、果冻之中，可以软化质感、增加容量、防止糖分结晶析出。

二、工具

（一）饼干印模

饼干印模（图3-3-4）大多用金属制成，也有的用木头或陶瓷制成。饼干印模有长方形、圆形、椭圆形、三角形、心形、星形、象形动物、象形植物类的。通常在擀好面团后，用印模压出形状，烘烤后加以装饰即可。

（二）饼干平衡尺

饼干平衡尺（图3-3-5）是常用的透明格尺，有不同厚度，常用于制作糖霜饼干、酥皮、挞皮。饼干平衡尺能很好地解决擀皮时薄厚不均的问题。

三、判断蛋白霜的状态

（1）尖峰状态：蛋白糖霜变白。提起打蛋头，蛋白糖霜有一个坚挺的尖，可呈倒尖角状，挤出的线条不易变形，干得快——适合拉线、吊线、勾边、写字。

（2）半流动状态：偏湿，提起打蛋头，蛋白糖霜会垂下来，如鸡尾状，但是不会滴下来。放置平面可缓慢流动，挤成条状，7秒左右会稍微摊平，微微还有凸起形状——适合小面积铺面、刺绣和刷绣。

（3）流动状态：提起打蛋头，糖霜会滴落，5秒左右可以完全流动摊平，与大面积糖霜融为一体，无凸点——适合大面积卡通图案以及铺面。

四、糖霜调色的方法

取出已经打发好的糖霜，加入适当的水或蛋清，调出需要的软硬度；再取出少量调好的糖霜，分别加入色素调出需要的颜色，最后混合剩余糖霜，搅拌均匀。在搅拌过程中，一定要让碗边糖霜都集中在一起，避免颜色不均，全部混合均匀就可以动手画饼干了。

┌───┐

小知识

红色、黄色、蓝色是三原色

绿色＝黄色＋蓝色

橙色＝黄色＋红色

紫色＝红色＋蓝色

橙色、紫色、绿色是三间色。间色与间色相调合就会变成各类灰色，但灰色都是有色彩倾向的，如蓝灰、紫灰、黄灰等。

└───┘

任务实施

一、原料配方

饼干面团：黄油200g，糖粉140g，鸡蛋100g，蛋黄25g，奶粉70g，低筋面粉450g，香草精5g。

糖霜：蛋白粉25g，43℃温水50g，糖粉335g，玉米糖浆10g。

各种颜色色素适量。

二、制作过程

（一）工具准备

电子秤、玻璃碗、打蛋器、拌料盆、软刮刀、擀面杖、模具、裱花袋、烤盘、烤箱。

（二）工艺流程

准备原料→制作饼干面团→成型→烘烤→调制糖霜→装饰。

（三）制作步骤

（1）准备原料，如图3-3-6所示。

（2）黄油软化后放入打蛋桶内打发至乳白色，如图3-3-7所示；加入糖粉继续打发，如图3-3-8所示；边打发边加入鸡蛋至蛋液完全吸收，加入香草精，如图3-3-9所示。

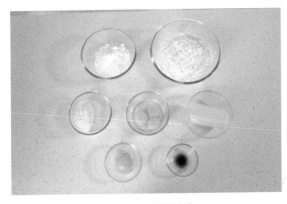

图3-3-6 原料准备

图3-3-7 将黄油软化后放入打蛋桶内打发至乳白色

（3）加入过筛的低筋面粉和奶粉，慢速搅拌成卡通曲奇饼面团，如图3-3-10所示；将面团放入冰箱冷藏，然后取出擀薄至5mm，如图3-3-11所示；用卡通模具刻模，将刻好的卡通饼干胚放入冰箱中冷冻，如图3-3-12所示。

（4）将饼干胚放入预热好的烤箱中，用上火180℃、下火160℃烘烤至成熟，用糖霜装饰饼干，如图3-3-13所示。卡通造型曲奇饼干成品如图3-3-14所示。

图3-3-8　加入糖粉打发

图3-3-9　边打发边加入鸡蛋至完全吸收

图3-3-10　搅拌成卡通曲奇饼面团

图3-3-11　将面团擀薄至5mm

图3-3-12　用卡通模具刻模

图3-3-13　用糖霜装饰饼干

图3-3-14　卡通造型曲奇饼干成品

（四）制作关键

（1）饼干面团需冷冻后再刻模，面团不够硬会影响饼干成品造型。

（2）烘烤卡通饼干最好是同一模具印刻出来的放一起烘烤，便于均匀上色和成熟。

（五）成品标准

（1）成品色泽浅黄，大小一致，造型美观。

（2）口感松脆，味道香甜。

任务拓展

按照表3-3-2所列的原料、制作流程，制作卡通黄姜饼干和双色饼干。

表3-3-2 制作卡通黄姜饼干和双色饼干一览表

卡通黄姜饼干	双色饼干
原料： 红糖100g，水50g，蜂蜜100g，黄油120g，低筋面粉500g，肉桂粉5g，黄姜粉10g，盐2g，鸡蛋50g	原料： 1. 杏仁面团：黄油120g，细砂糖100g，鸡蛋50g，低筋面粉220g，杏仁粉30g，肉桂粉0.5g； 2. 巧克力面团：黄油120g，细砂糖100g，鸡蛋50g，低筋面粉235g，可可粉15g
制作流程： 1. 水、红糖混合加热至溶解，加入蜂蜜拌匀，冷却待用； 2. 软化黄油与糖水混合，加入过筛的低筋面粉、肉桂粉、黄姜粉、盐混合均匀，和成面团； 3. 将面团放入冰箱冷藏1小时； 4. 将冷藏过的面团擀薄，厚度为4~5mm，用卡通模具刻印出来放在烤盘上； 5. 放入烤箱，用上火180℃、下火170℃烘烤约15分钟，成熟后取出； 6. 取出冷却后可以用糖霜调色装饰	制作步骤 1. 将黄油、细砂糖、鸡蛋混合，再加入过筛好的粉类原料，和成饼干面团； 2. 将和好的面团放入冰箱冷藏30分钟； 3. 制作方法一：将两种颜色的面团搓成约1.5cm直径的圆条，两条面团螺旋地编在一起后再搓成约2.5cm的圆条，放入冰箱冷冻至硬，取出后用刀切厚度为4~5mm的薄片放入烤盘； 4. 制作方法二：将两种颜色的面团切成宽约1cm条状，再交错颜色以"田"字形刷蛋清液后拼接起来，放入冰箱冷冻至硬，取出后用刀切厚度为4~5mm的薄片放入烤盘； 5. 放入烤箱，用上火180℃、下火170℃烘烤约15分钟，成熟后取出
制作关键： 1. 红糖要加热溶解； 2. 面团制作好后需冷藏放置，以便定型	制作关键： 1. 面团制作好后需放冰箱冷藏，以便定型； 2. 混合拼接的面团需用蛋清液粘连

任务评价

学生完成任务后，按照表3-3-3所列的评价要求，开展自评、互评，教师和企业导师根据学生制作的情况给以评价，并填入表3-3-3。

表3-3-3　制作卡通造型曲奇饼干评价表

任务名称		班级		姓名		
评价内容	评价要求	评价是/否	学生自评	小组互评	教师评价	企业导师评价
制作准备	职业着装是否符合标准：帽子端正、工装整洁、头发不露出帽子	是/否				
	原料是否按照数量备齐	是/否				
	操作工具是否按照种类、数量备齐	是/否				
制作过程	打发：是否将黄油软化后放入打蛋桶内打发至乳白起发	是/否				
	原料打发是否按照先加入糖粉，然后加入鸡蛋打发至完全吸收的顺序完成	是/否				
	过筛：低筋面粉和奶粉是否过筛使用	是/否				
	成型：将面团擀薄至5mm放入冰箱冷冻，然后用卡通模具刻模成型	是/否				
	烘烤：烤箱温度、烘烤时间是否把握正确，即用上火180℃、下火160℃烘烤约15分钟左右成熟	是/否				
	装盘：摆放是否整齐、规则、美观	是/否				
卫生	操作工具干净整洁，无污渍	是/否				
	操作工位案台干净整洁，无杂物	是/否				
	成品器皿干净卫生，无异物	是/否				
成品质量	成品色泽浅黄，大小一致，造型美观	是/否				
	口感酥松脆，味道香甜	是/否				
评价（合格/不合格）（全部为"是"则合格，有一项为"否"则不合格）						

岗课赛证

卡通造型曲奇是各种亲子活动和西方节日中的常见品种，使用场景多，造型美观立体。制作卡通造型曲奇需要重点掌握卡通动植物的造型成型技巧和组装搭配方法，通过制作特定主题活动产品，迎合顾客需求。

巩固提升

一、选择题

1. 在制作卡通造型饼干的面团时，使用（　　）更适宜。

A. 粗砂糖　　　B. 细砂糖　　　C. 糖粉　　　D. 葡萄糖

2. 用（　　）稀释卡通饼干用的蛋白糖霜效果最适宜。

A. 牛奶　　　B. 黄油　　　C. 玉米糖浆　　　D. 纯净水

3. 以下正确的烘烤饼干方法是（　　　）。

A. 用高温快速把饼干烘烤成熟

B. 用干净平整、不易粘底的烤盘烘烤大小一致的饼干

C. 用高筋面粉制作饼干

D. 烤盘上摆放大小、厚度不一致的饼干用同样的温度和时间烘烤

4. 制作卡通造型饼干的方法是（　　　）。

A. 挤注法　　　　B. 滴落法　　　　　　C. 压模法　　　　　　D. 幹制法

二、思考题

1. 一般用糖霜描画完卡通图案后，如何将糖霜饼干保存得更久？

2. 制作好的卡通曲奇应如何包装才能保证其食用安全？

模块四　挞、派类和泡芙

思政导读

烘焙行业在不断变化中发展，未来的烘焙行业将走向年轻化、特色化、休闲化、娱乐化、高端化。活泼、有趣是烘焙行业明显的发展趋势。作为新时代与时俱进的西点师，要不断对品种更新换代，走在潮流趋势的前沿。

任务一　制作水果挞

任务情境

亚热带地区的水果琳琅满目，色美味佳。酒店承接了一场户外亲子活动，在炎炎夏日里，把酸甜可口的水果加入点心中，不仅可以使成品色彩丰富，还有解暑止渴的作用。琪琪合理运用色彩和口感搭配，制作出酸甜可口的水果挞深受好评。

微课12　水果挞

任务目标与要求

制作水果挞的任务目标与要求见表4-1-1所列。

表4-1-1　制作水果挞的任务目标与要求

工作任务	制作12个水果挞
任务目标	1. 了解混酥面坯的概念和特性； 2. 掌握水果挞的制作工艺； 3. 掌握卡仕达酱的调制方法； 4. 学会举一反三制作不同口味的水果挞； 5. 具备独自完成水果蛋挞制作的能力
任务要求	1. 用正确的叠压手法混合面团； 2. 将面团擀成厚度为3mm厚薄均匀的面片； 3. 使用大小适宜的挞模制作挞皮，挞皮厚薄均匀，边缘纹路清晰； 4. 冷藏挞坯至定型； 5. 将挞皮烤制成熟，挞皮色泽浅黄，内部无生面； 6. 调制奶香浓郁、颜色淡黄、口感顺滑的卡仕达酱； 7. 个人独立完成任务； 8. 操作过程符合职业素养要求和安全操作规范

知识准备

挞，起源于14世纪的法国。水果挞是西餐面点厨房经常制作的甜点之一，由甜酥面坯、吉士酱及各种水果组合而成。其特点是形状小巧、饼皮酥脆、馅料松软、水果鲜嫩、色彩丰富，既可以作为零点出售，也可以用于自助餐甜点及下午茶点。

一、原料及工具

（一）原料

1. 吉士粉

吉士粉（图4-1-1）是一种香料粉，呈粉末状，颜色为浅黄色或浅橙黄色，具有浓郁的奶香味和果香味，由疏松剂、稳定剂、食用香精、食用色素、奶粉、淀粉和填充剂组合而成。吉士粉易溶化，适用于软、香、滑的冷热甜点之中（如蛋糕、蛋卷、包馅、面包、蛋挞等糕点中）。

2. 速溶吉士粉

速溶吉士粉（图4-1-2）是一种常用香料粉，通常用于面包、西点表面装饰或内部配馅，可在冷水中溶解，是一种即用即食型的馅料配料，常用来制作卡仕达酱。

3. 杏仁粉

西点配方中常出现的杏仁粉是指扁桃仁粉（图4-1-3），也就是用巴旦木、美国大杏仁加工的粉末，而不是甜杏仁或苦杏仁（杏的内核）。杏仁粉运用非常广泛，可以增加制品的口感和香味，常用于制作马卡龙、费南雪。杏仁粉所含的矿物质锰有助于塑造强壮骨骼和维持血糖，所含的矿物质镁有助于器官、肌肉和神经系统的正常运行，维持血压稳定。

（二）工具

制作挞的工具有挞圈、挞模、派模。

1. 挞圈

挞圈（图4-1-4）多带小孔，没有底座，更容易脱模和做出直角边。

图4-1-1　吉士粉

图4-1-2　速溶吉士粉

图4-1-3　杏仁粉

图4-1-4　挞圈

图4-1-5 挞模

图4-1-6 派模

2. 挞模

挞模多为铝合金材质，圆形或菊花形（图4-1-5），多为固底模，使用前需刷油、撒粉防粘。

3. 派模

派模（图4-1-6）形状较大，有6寸、8寸等不同大小的尺寸，多用阳极铝合金和不粘材质制成，多为活底模，利于脱模与整形。

二、混酥面团与甜酥面团

（一）混酥面团

混酥面团是西式面点制作中常见的基础面坯之一，其制品多见于各种派类、挞类、饼干类以及各式蛋糕的底部装饰和甜点的装饰等。原料以低筋面粉为主，加入适量的油、蛋、乳、疏松剂、水等。混酥面团的油含量较高，由于面粉中加入油脂，面粉颗粒就会被油脂包围，从而阻碍了面粉吸水，抑制了面筋的生成，形成细腻柔软的面团，当半成品被烘烤、油炸升温时，油脂遇热流散，气体膨胀，这就使制品内部结构碎裂成很多孔隙而呈片状或椭圆状的多孔结构，食用时口感酥松。调制混酥面团时常常添加化学疏松剂，如食粉、臭粉或发酵粉等，这些化学疏松剂会分解产生二氧化碳气体来弥补面团中气体含量的不足，从而提高混酥类制品的酥松性。

（三）甜酥面团

甜酥面团是将黄油、糖粉、蛋黄搅拌均匀成膏状揉搓而成的。因为不添加水分，所以不易产生弹性，成品口感酥松。甜酥面团利用了黄油的可塑性，将黄油软化后和糖混合成膏状后，加入鸡蛋混匀后，糖的吸水性使鸡蛋可以更好地融入油脂中。此时再加入面粉混合，烘烤后的甜酥面团会呈现酥脆易溶于口的质地。

三、混酥面坯制作技巧

（一）面团温度要低

调制酥性面团时，应以低温为主，一般控制在22℃~28℃。油脂含量过多的面团不适于在较高温度下调制，否则会造成油脂微粒软化，无法操作，需控制好温度。

（二）投料顺序要合理

要注意投料的先后顺序，无论是中式糕点还是西式糕点均应重视调制面团（面糊）的投料顺序。配方准确而投料顺序颠倒，其制品质量也会不同。调制酥性面团时，首先将糖、油、水、蛋、香料等辅料充分搅拌均匀，再拌入面粉，制成软硬适宜的面团。这样面粉可以在一定浓度的糖油环境中胀润，防止形成面筋。调制面团时宜留下少许面粉，用以调节面团软硬度。面团调制后不可再加水，以免面团起筋。

（三）糖油的比例正确

有些油酥点心配方中油、糖含量很高，这类面团在调制过程中极易软化，特别是在温度较高的环境中操作，更容易出现这种情况。这就要求在面团达到工艺要求时，立即停止搅拌，进行下一步工序。

（四）加水量控制得当

加水量的多少与面筋的形成有着十分密切的关系。实际制作工艺中，软面团比较容易起筋，故调制这种面团的时间不宜过长。而较硬的面团要适当增加调制时间，否则会形成散沙状，不易成块，从而无法进行下一道工序。糖、油较少的面团较硬，不容易调制，通过加水量的多少来控制面筋的形成，防止面团弹性增大，制品收缩变形。

（五）尽量控制面筋的生成量

酥性面团是以控制蛋白质水化来达到酥松效果的。在实际生产中，余料不可避免地转入下次制作中。这些余料面团经过长时间调制，面筋要高得多。因此，余料面团与新面团的比例要适当，一般应控制在1/10～1/8。若因制品特殊需要（如需色浅）而采用面筋含量较高的面粉，则应以相应措施补救，即将油脂与面粉先调成酥面团，再加入其他辅助料。这种方法同样可以尽量减少面筋的生成量。

（六）静置时间要短

将面团适当的静置有利于制作。但是，一旦久置不加工或加工时间过长，面团会因温度（室温、气温）的升高而使本来就与面粉颗粒结合得不好的油脂游离出来，渗出面团，产生"吐油"现象。随着面团中的油脂外渗，其内部的水分会乘虚而入，与面团中的蛋白质相结合而生成面筋，从而产生面团调制中极难解决的缩筋（起筋）现象。

四、常用装饰水果

西点常用的水果包括鲜果类和干果类。

（1）鲜果类，即通常所说的水果，如苹果、梨、柑橘、香蕉、桃、葡萄、草莓、猕猴桃、菠萝、荔枝、柠檬等。水果可以用来装饰蛋糕，也可以与奶油混合，是制作西点不可或缺的材料。果肉可以直接拿来使用，也可以加工成泥状或糊状等。

（2）干果类，是指那些成熟时果皮、果肉干燥或裂开，硬种皮内种子可食的一类果实。干果有甜味和香味两类，其性质和特点不尽相同。甜味干果肉质较软，香味干果肉质较脆。干果类品种较多，含水分少，易长久储存，一般需加工后使用。西点常用的干果有核桃、板栗、杏仁、腰果仁等，常用来装饰点心表面。

任务实施

一、原料配方

挞皮：黄油150g，低筋面粉300g，细砂糖100g，杏仁粉30g，鸡蛋50g。

卡仕达馅：蛋黄60g，细砂糖30g，玉米淀粉30g，牛奶250ml，黄油20g。

水果：熟芒果2个，草莓10个，蓝莓100g，猕猴桃2个，覆盆子100g。

装饰：透明糖浆10g。

二、制作过程

（一）工具准备

电子秤、玻璃碗、拌料盆、刮刀、擀面杖、少司锅、卡式炉、水果刀、圆形模具、牙签、模具、裱花袋、保鲜模、烤盘、烤箱。

（二）工艺流程

准备原料→制作挞皮→制作挞馅→准备水果→组合→装盘。

（三）制作步骤

（1）准备原料，如图4-1-7所示。

（2）将软化的黄油、细砂糖、鸡蛋混合均匀，如图4-8所示。

（3）与过筛好的低筋面粉和杏仁粉混合，制作水果挞面团，如图4-1-9所示；将水果挞面团放入冰箱冷冻10~15分钟，如图4-1-10所示。

图4-1-7　准备原料　　　　　　　　　图4-1-8　将黄油、细砂糖、鸡蛋混合均匀

图4-1-9　混合成水果挞面团　　　　　图4-1-10　将水果挞面团放入冰箱冷冻15分钟

（4）将水果干挞面团擀至原3～4mm的面片，如图4-1-11所示；用圆形模具印刻出圆形面坯，如图4-1-12所示。

（5）将面坯按入挞模具中，如图4-1-13所示；用牙签在底部扎孔排气，如图4-1-14所示。

（6）放入烤箱，用上火180℃、下火180℃烘烤约10分钟，取出后待冷却后脱模，如图4-1-15所示。

（7）将蛋黄、细砂糖、玉米淀粉混合，如图4-1-16所示；加入牛奶拌匀后过滤倒入少司锅，如图4-1-17所示。

图4-1-11 擀薄

图4-1-12 用圆形模具印刻出圆形面坯

图4-1-13 将面坯按入挞模具中

图4-1-14 用牙签在底部扎空排气

图4-1-15 取出后待冷却后脱模

图4-1-16 蛋黄、细砂糖、玉米淀粉混合

（8）边煮边搅拌以防煳底，如图4-1-18所示；煮熟后关火，趁热加入黄油混合均匀，如图4-1-19所示。

（9）放入玻璃碗，用保鲜膜贴紧包好，如图4-1-20所示。

（10）冷却后搅拌至软化状，如图4-1-21所示；用裱花袋挤入挞中，如图4-1-22所示。

（11）装饰上切好的水果，如图4-1-23所示；在水果表面上刷上透明糖浆，如图4-1-24所示；装盘，水果挞成品如图4-1-25所示。

图4-1-17　加入牛奶拌匀后过滤放少司锅里

图4-1-18　边煮边搅拌以防煳底

图4-1-19　煮熟后关火，趁热加入黄油混合均匀

图4-1-20　放入玻璃碗，保鲜膜贴紧包好

图4-1-21　冷却后搅拌至软化状

图4-1-22　用裱花袋挤入挞中

图4-1-23　装饰上切好的水果

图4-1-24　在水果表面上刷上透明糖浆

图4-1-25　水果挞成品

（四）制作关键

（1）挞皮面团制作好后需冷冻后使用，便于成型。

（2）烘烤挞皮前，在底部适当地打上小孔，可避免挞皮在成熟后空鼓变形。

（五）成品标准

（1）成品颜色浅黄，水果适量，造型美观。

（2）成品外壳酥脆，奶香味浓郁，口感顺滑。

任务拓展

按照表4-1-2所列的原料，制作流程，制作椰蓉挞和奶挞。

表4-1-2　制作椰蓉挞和奶挞一览表

椰蓉挞	奶挞
原料： 1. 挞皮：黄油120g，细砂糖80g，鸡蛋50g，低筋面粉250g； 2. 椰蓉挞馅：牛奶100g，白糖150g，玉米油50g，黄油75g，低筋面粉50g，椰蓉125g，鸡蛋液100g	原料： 1. 挞皮：黄油120g，细砂糖80g，鸡蛋50g，低筋面粉250g； 2. 奶挞浆：蛋清120g，牛奶500g，细砂糖50g，甜炼乳25g
制作流程： 1. 挞皮原料混合制作成挞皮面团，放入冰箱冷冻15分钟； 2. 牛奶、白糖、玉米油、黄油加热至黄油熔化，晾凉； 3. 将冷冻后的挞皮擀薄至4～5mm，用圆形印模印刻出来后按入挞模具中； 4. 加入过筛的低筋面粉和椰蓉拌匀； 5. 加入鸡蛋液拌匀成椰蓉馅，装入裱花袋，挤入挞皮，九成满； 6. 放入烤箱，用上火180℃、下火160℃烘烤约25分钟，至表面金黄，取出后冷却脱模，装盘	制作流程： 1. 挞皮原料混合制作成挞皮面团，放入冰箱冷冻15分钟； 2. 蛋清、牛奶、细砂糖混合拌匀，密筛过滤，加入甜炼乳混合均匀成奶挞浆； 3. 将冷冻后的挞皮擀薄至4～5mm，用圆形印模印刻出来后按入挞模具中； 4. 奶挞浆放入量杯，倒入挞皮，约八成满； 5. 放入烤箱，用上火190℃、下火180℃烘烤约15分钟，至挞浆凝固后取出； 6. 取出后冷却脱模，装盘

（续表）

椰蓉挞	奶挞
制作关键： 1. 椰蓉挞馅可放九成满，成品饱满美观； 2. 在烘烤后期要多注意成品上色程度，可适当增减烘烤时间	制作关键： 1. 挞皮面团制作好后需冷冻后使用，便于成型； 2. 烘烤奶挞时要注意把握时间，时间过长挞浆会鼓起破裂，影响口感

任务评价

学生完成任务后，按照表4-1-3所列的评价要求，开展自评、互评，教师和企业导师根据学生制作的情况给以评价，并填入表4-1-3。

表4-1-3 制作水果挞任务评价表

任务名称			班级		姓名		
评价内容	评价要求		评价 （是/否）	学生自评	小组互评	教师评价	企业导师评价
制作准备	职业着装是否符合标准：帽子端正、工装整洁、头发不露出帽子		是/否				
	原料是否按照数量备齐		是/否				
	操作工具是否按照种类、数量备齐		是/否				
制作过程	过筛：是否将低筋面粉和杏仁粉过筛后与黄油、细砂糖、鸡蛋混合成水果挞面团		是/否				
	面团成型：是否将水果挞面团放入冰箱冷冻10~15分钟，取出面团擀薄至3~4mm，然后用圆形模具印刻出圆形面坯		是/否				
	面胚入模：将面坯按入挞模具后是否用牙签在底部扎孔排气		是/否				
	卡仕达馅：煮馅时是否边煮边搅拌，底部没有出现焦煳现象		是/否				
	烘烤：烤箱温度、烘烤时间是否把握正确，即上火180℃、下火180℃烘烤约10分钟		是/否				
	装盘：水果摆放是否整齐、规则、美观		是/否				
卫生	操作工具干净整洁，无污渍		是/否				
	操作工位案台干净整洁，无杂物		是/否				
	成品器皿干净卫生，无异物		是/否				
成品质量	成品颜色浅黄，水果适量，造型美观		是/否				
	成品外壳酥脆，奶香味浓郁，口感顺滑		是/否				
评价（合格/不合格） （全部为"是"则合格，有一项为"否"则不合格）							

岗课赛证

水果挞作为西式面点师初级考证品种，重点考核混酥面团调制和挞类造型，是初级考证需要掌握的品种之一。学生获得西式面点师初级证书，体现学生在西点职业领域具备一定的实践能力、专业知识和综合素养。

巩固提升

一、选择题

1. 制作挞皮常用的面粉为（　　）。

A. 高筋面粉　　　B. 中筋面粉　　　C. 低筋面粉　　　D. 全麦面粉

2. 制作熟挞皮时，面团装入模具后用叉子或尖锐工具在底部打上小孔，下列描述错误的是（　　）。

A. 使挞皮烘烤后不变形　　　　　B. 排出挞皮和模具之间的空气

C. 以免烘烤时底部凸起变形　　　D. 方便挞皮的水分挥发

3. 水果挞上的水果刷透明果酱，下列描述不正确是（　　）。

A. 保持水果的水分不流失　　　　B. 为水果增加亮泽

C. 增加水果的保鲜时间　　　　　D. 可防止霉菌入侵

4. 避免制作好的卡仕达酱起皮，最佳的方法是（　　）。

A. 煮好后在锅里自然冷却

B. 煮好后立即放入容器内冷却

C. 煮好后立即放入容器用保鲜膜贴紧密封

D. 煮好后直接放入制品并装饰

二、思考题

1. 分别使用动物黄油、人造黄油来制作挞皮，它们在制作工艺和成品上有何区别？

2. 在制作水果挞时，对于水果的选择，是否考虑到水果的新鲜度、品质和季节性？从支持本地水果的角度，你会选择什么水果？

任务❷ 制作柠檬挞

微课13 柠檬挞

任务情境

酒店水吧最近反映，制作柠檬茶后，剩余很多柠檬皮，向各部门求助，是否有好的办法对柠檬皮进行合理利用。琪琪认为柠檬皮香味浓郁，可用来制作柠檬挞。

任务目标与要求

制作柠檬挞的任务目标与要求见表4-2-1所列。

表4-2-1 制作柠檬挞的任务目标与要求

工作任务	制作6个柠檬挞
任务目标	1. 掌握柠檬挞酥皮的调制方法； 2. 掌握柠檬挞馅料的制作方法； 3. 掌握蛋白霜的制作方法； 4. 能够运用烘焙时间、烘焙温度的变化技巧，使柠檬挞的口感达到最佳状态
任务要求	1. 用正确的叠压手法混合面团； 2. 将面团擀成厚度为3mm、厚薄均匀的面片； 3. 使用大小适宜的挞模制作挞皮，挞皮厚薄均匀，边缘纹路清晰； 4. 冷藏挞坯至定型； 5. 将挞皮烤制成熟，挞皮颜色浅黄，内部无生面； 6. 调制具有柠檬清香的柠檬馅； 7. 将糖浆煮至120℃、滴落冰水中能凝固的状态； 8. 将蛋白霜打发至干性发泡，呈小尖峰状态； 9. 个人独立完成任务； 10. 操作过程符合职业素养要求和安全操作规范

知识准备

柠檬挞是法国普罗旺斯的一种特色甜心，也是法式甜点的经典品种，其原料有面粉、鸡蛋、黄油、柠檬汁等。质量上乘的柠檬挞，酸度与甜度完美平衡，外皮酥脆，内馅清爽、滑顺。

一、捏制挞盏的方法

取出面坯，将圆形面坯放入挞模中，紧贴挞模边缘，右手轻轻按压酥皮，直至酥皮与挞模底部贴合平整，且模具中没有空气。在捏制挞模时要注意，将面片装入模具成型时，动作要轻柔准确，一次到位，捏制时一定要将模具内空气排出，切勿用力过大而造成面片薄厚不均，影响质量。

二、混酥面坯成型技巧

（1）在擀制面团时应做到厚薄一致，以免烘烤受热不均匀。

（2）切割面团时，应做到动作迅速准确，一次到位。应尽量减少切割时所用的时间，尤其是温度高时，面团极易变软，影响成型的质量。

（3）擀制面团时，为防止面团出油、上劲，不要反复搓揉面团，以免造成成品收缩、口感硬、酥性差的不良后果。

（4）在成型时，动作要快、要灵活，否则面团在手的温度下极易变软，影响操作。

四、意式蛋白霜

意式蛋白霜是将蛋白打发到一定程度后加入温度为118℃～120℃的糖浆再继续打发的方法。意式蛋白霜将蛋白的膨胀发挥到了极限。由于意式蛋白霜的保形性强，常用来装饰蛋糕或涂抹在蛋糕表面。此外，意式蛋白霜还常用于制作奶油霜和慕斯。

（一）判断糖浆温度

（1）糖浆沸腾状态：糖浆在110℃时产生黏性，随着温度升高，气泡逐渐变小，在118℃左右，气泡大小均匀。

（2）冰水测试法：蘸取一点糖浆，放入冰水中揉成小球，小球柔软说明糖浆温度在118℃左右。

（二）温度对于打发蛋白霜的影响

（1）温度过低，导致糖浆容易凝固，无法与蛋白融合，不能打发出光滑的蛋白霜。

（2）温度过高，导致糖浆黏稠，难以与蛋白霜充分混合。

（三）熬煮糖浆的注意事项

（1）熬煮时中不能随意搅拌糖浆，以免返砂结晶。

（2）糖浆熬煮至110℃时升温极快，需时刻注意糖浆温度，不能超过120℃。

（四）蛋白打发程度的控制

（1）细砂糖是蛋白量的150%以下，蛋白霜可打发至五至七成。

（2）细砂糖是蛋白量的150%～200%，蛋白霜可打发至六至九成。

任务实施

一、柠檬挞原料配方

挞皮：黄油120g，糖粉100g，鸡蛋50g，低筋面粉250g，柠檬皮屑15g。

柠檬馅：蛋黄60g，细砂糖100g，玉米淀粉20g，西柠汁100g，柠檬皮屑10g，水100g，安佳黄油20g。

意式蛋白霜：蛋清90g，细砂糖120g，水60ml，香草精0.5ml。

二、制作过程

（一）工具准备

刮板、软刮刀、玻璃碗、电子秤、裱花袋、挞圈、少司锅、卡式炉、喷火枪、烤盘、烤箱。

（二）工艺流程

准备原料→制作挞皮→制作挞底→调制柠檬馅→制作蛋白霜→组合→装饰。

（三）制作步骤

（1）准备原料，如图4-2-1所示。

（2）将低筋面粉过筛，用刮板在面粉中间挖开出一个平面坑，将黄油、糖粉、鸡蛋混合拌匀，如图4-2-2所示；使用叠压手法制作面团，加入柠檬皮屑，混合均匀，放入冰箱冷冻10～15分钟，如图4-2-3所示。

（3）将冷冻后的面团擀薄至3～4mm，按入挞圈印出挞皮，如图4-2-4所示。

（4）放入烤箱，用上火180℃、下火180℃烘烤约12分钟，从烤箱取出，冷却后脱模，如图4-2-5所示。

图4-2-1　准备原料

图4-2-2　混合拌匀

图4-2-3　和成面团、冷冻

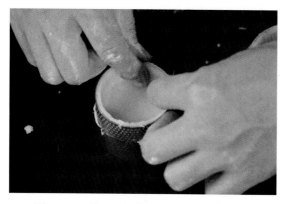

图4-2-4　将面团擀薄约3~4mm，按入挞圈

图4-2-5　冷却脱模

（5）将蛋黄、细砂糖、玉米淀粉依次混合搅拌均匀，如图4-2-6所示；加入柠檬汁和水混合后过滤，如图4-2-7所示。

（6）将柠檬皮屑放入锅中边煮边搅拌煮至糊状，关火，如图4-2-8所示；趁热加入黄油搅拌均匀，待用，如图4-2-9所示。

（7）将水、细砂糖放入少司锅加热至90℃时，打发鸡蛋清成蛋白霜状，如图4-2-10所示；将煮至118℃糖浆加入蛋白霜一起打发至干性发泡，呈小尖峰状，如图4-2-11所示；加入香草精混合均匀，如图4-2-12所示。

图4-2-6 混合搅拌均匀材料

图4-2-7 加入柠檬汁和水混合后过滤

图4-2-8 放入锅中边煮边搅拌煮至糊状

图4-2-9 趁热加入黄油搅拌均匀

图4-2-10 将水、细砂糖煮至90℃时，同时打发鸡蛋清

图4-2-11 打发呈小尖峰状

（8）将柠檬馅装入裱花袋，然后挤入挞内，如图4-2-13所示。

（9）挤上蛋白霜，如图4-2-14所示。

（10）用喷火枪将蛋白霜适当喷上色，如图4-2-15所示。装盘，成品如图4-2-16所示。

图4-2-12　加入香草精混合拌匀成蛋白霜

图4-2-13　将柠檬馅挤入挞内

图4-2-14　在表面用裱花袋挤上蛋白霜

图4-2-15　用喷火枪将蛋白霜适当喷上色

图4-2-16　柠檬挞成品

（四）制作关键

（1）挞皮厚薄均匀，烘烤时在底部需打上小孔，避免成熟后空鼓。

（2）制作蛋白霜时，打发蛋白和煮糖浆需同步进行。

（五）成品标准

（1）成品外壳颜色浅黄，柠檬馅料适量，造型美观。

（2）成品外壳酥脆，柠檬清香，口感顺滑。

任务拓展

按照表4-2-2所列的原料、制作流程，制作巧克力挞和流心芝士挞。

表4-2-2　制作巧克力挞和流心芝士挞一览表

巧克力挞	流心芝士挞
原料： 1. 挞皮：黄油150g，糖粉100g，鸡蛋50g，低筋面粉250g，杏仁粉30g； 2. 巧克力酱：淡奶油150g，黄油75g，黑巧克力150g，榛子果仁50g，杏仁50g； 3. 装饰：开心果8颗，榛子果8颗，杏仁8颗，巧克力碎片10g，可可粉适量	原料： 1. 挞皮：低筋面粉250g，鸡蛋1个，黄油120g，细砂糖80g； 2. 挞馅：奶油乳酪200g，甜炼奶30g，细砂糖50g，淡奶油120g，柠檬汁5g，玉米淀粉8g； 3. 蛋黄液适量
制作流程： 1. 将黄油、糖粉、鸡蛋混合均匀，加入过筛好的低筋面粉、杏仁粉，和成挞皮面团，放入冰箱冷冻15分钟，将冷冻后的面团擀至3~4mm厚的挞皮； 2. 将挞皮按入挞模具中，放入烤箱，用上火、下火180℃烘烤约15分钟，取出晾凉待用； 3. 将淡奶油加热至80℃，倒入切碎的黑巧克力中拌匀，加入软化的黄油，用料理棒拌匀成巧克力酱； 4. 把榛子果仁、杏仁切碎放入烤好的挞壳中，挤入巧克力酱； 5. 表面用开心果、榛子果、杏仁、巧克力片、可可粉装饰即可	制作流程： 1. 将鸡蛋、黄油、细砂糖混合搅拌至糖溶解，呈乳白色后加入低筋面粉混合成面团，放入冰箱冷冻15分钟；将冷冻后的面团擀至3~4mm厚的挞皮； 2. 将挞皮按入挞壳，用牙签扎孔，放入烤箱，上火180℃、下火170℃烤熟后冷却待用； 3. 将乳酪隔热水软化，用打蛋机打至无颗粒状； 4. 加入炼奶、细砂糖、淡奶油继续搅拌均匀； 5. 加入柠檬汁和玉米淀粉打至光滑状，装入裱花袋； 6. 均匀挤入烤好冷却的挞皮中，放入冰箱冷冻约20分钟至表面冻硬； 7. 用毛刷将蛋黄液刷到馅料表面，放入烤箱，用上火220℃~230℃、下火150℃~160℃烘烤约8分钟，至表面金黄色即可出炉
制作关键： 1. 制作挞皮时要轻拌，避免过度和面起筋； 2. 注意挞皮的厚度，厚4~5mm即可	制作关键： 1. 乳酪用热水隔水加热至软化； 2. 烘烤前乳酪馅需冷冻至硬才能能均匀刷上蛋黄液

任务评价

学生完成任务后，按照表4-2-3所列的评价要求，开展自评、互评，教师和企业导师根据学生制作的情况给以评价，并填入表4-2-3。

表4-2-3　制作柠檬挞评价表

任务名称	柠檬挞		班级		姓名	
评价内容	评价要求	评价（是/否）	学生自评	小组互评	教师评价	企业导师评价
制作准备	职业着装是否符合标准：帽子端正、工装整洁、头发不露出帽子	是/否				
	原料是否按照数量备齐	是/否				
	操作工具是否按照种类、数量备齐	是/否				
制作过程	过筛：是否将低筋面粉过筛后与黄油、糖粉、柠檬皮屑、鸡蛋混合拌匀成柠檬挞面团	是/否				
	面团成型：是否将水果挞面团放入冰箱冷冻10~15分钟，取出面团擀至3~4mm厚，然后用圆形模具印刻出圆形面坯	是/否				
	面胚入模：面坯按入挞模具后是否用牙签在底部扎孔排气	是/否				
	柠檬馅：煮馅时是否边煮边搅拌，煮至糊状离火备用	是/否				
	烘烤：烤箱温度、烘烤时间是否把握正确，即上火180℃、下火180℃烘烤约12分钟	是/否				
	装盘：柠檬馅挤入挞内是否整齐、规则、美观	是/否				
卫生	操作工具干净整洁，无污渍	是/否				
	操作工位案台干净整洁，无杂物	是/否				
	成品器皿干净卫生，无异物	是/否				
成品质量	成品外壳颜色浅黄，柠檬馅料适量，造型美观	是/否				
	成品外壳酥脆、柠檬清香，口感顺滑	是/否				
评价（合格/不合格）（全部为"是"则合格，有一项为"否"则不合格）						

岗课赛证

柠檬挞是西餐常见的餐后甜点，其清新的口味和素雅的外观，总能让人开胃解腻。制作柠檬挞重点考核馅心的调制及装饰方法。制作一款香甜而又清新可口的柠檬挞能更贴合顾客需求。

巩固提升

一、选择题

1. 柠檬挞是法国普罗旺斯的一种特色甜心，也是法式甜点的经典品种，其原料有面粉、鸡蛋、黄油、（　　）等。

A. 青柠　　　　B. 柠檬汁　　　　C. 柠檬＋醋　　　　D. 柠檬叶

2. 意式蛋白霜是将蛋白打发到一定程度后加入（　　）的糖浆再进行打发的方法。

A. 118℃～120℃　　　　　　　B. 115℃～118℃

C. 116℃～118℃　　　　　　　D. 117℃～118℃

3. 在制作柠檬挞时，将面团擀薄至（　　）mm，按入挞圈。

A. 3～4　　　　B. 4～5　　　　C. 2～3　　　　D. 3～5

4. 糖浆在110℃时产生黏性，随着温度升高，气泡逐渐变小，（　　）左右，气泡大小均匀。

A. 115℃　　　　B. 116℃　　　　C. 117℃　　　　D. 118℃

二、简答题

1. 简述温度对于打发蛋白霜的影响。

2. 制作柠檬挞时，为了保持出品的口感，你是如何把握烘焙时间和温度的？

任务三 制作苹果派

微课14 苹果派

任务情境

一转眼到了凉风习习的秋天，自助餐厅需要根据季节更换菜谱了。琪琪看到一筐筐红彤彤的苹果，制作苹果派的念头涌了上来。她在师傅的指导下，完成了苹果派的制作。

任务目标与要求

制作苹果派的任务目标与要求见表4-3-1所列。

表4-3-1　制作苹果派的任务目标与要求

工作任务	制作一个6寸的苹果派
任务目标	1. 掌握苹果馅料的炒制方法； 2. 掌握混酥面团的制作工艺及要领； 3. 掌握派的烤制方法； 4. 能够根据不同人群的需求，设计一款独特的派皮和装饰造型
任务要求	1. 用正确的叠压手法混合面团； 2. 将面团擀成厚度为3mm、厚薄均匀的面片； 3. 使用大小适宜的派模，派皮厚薄均匀，边缘纹路清晰； 4. 冷藏派坯至定型； 5. 将派皮烤制成熟，颜色浅黄，内部无生面； 6. 苹果颗粒大小均匀，炒制馅料浓稠且颗粒分明； 7. 成品表面装饰形状美观，有创意； 8. 个人独立完成任务； 9. 操作过程符合职业素养要求和安全操作规范

知识准备

派，是一种面点类食品，其种类有单层派、双层派两种。

单层派，是由一层派皮上面盛装各种馅料而制成的。例如，生皮生馅派是以鸡蛋为凝冻原料，并加入根茎类植物，如南瓜派、胡萝卜派等。双层派是用两片派皮将煮好的馅料包在中间，然后进炉烘烤。双层派又分为水果派和肉派两种。水果派是使用较硬的水果做馅，如苹果派、樱桃派和菠萝派等；肉派则使用牛肉、鸡肉等作为馅料。

一、混酥面团制作工艺与要领

（一）混酥面团制作工艺

将面粉、膨松剂过筛于案台上，面粉开窝，加入油脂、水等原料并搅拌均匀，手要轻、要快，抄拌成雪花状后即可进行堆叠。将松散的团状物料层层向上堆叠，使各种原料在堆叠中自然渗透，逐渐由松散状变为弱团聚状，由散成团，由硬变软，待各料叠匀，软硬合适时，即成混酥面团。

（二）混酥面团制作要领

（1）选用低筋面粉或添加部分熟粉，以减少面筋生成。

（2）油、糖、蛋、乳、清水等辅料要充分搅拌乳化后才能拌入面粉，以减少面筋生成。

（3）面团温度宜低，放置时间宜短。若温度过高，易引起混酥面团出油，不易成型或成品易塌。面团在调制中应尽量缩短时间，动作要轻、快，以减少面筋生成。面团调好后不宜长久放置，否则易生成较多的面筋，使制品不酥松。

（4）面团加水要一次加足，不能在中途或结束时加入，以免影响混酥面团的物理性能。

二、派皮的烘烤方法

派皮的烘烤方法：将派皮生坯放入烤炉内，用上火220℃、下火210℃烘烤10分钟后，降低炉火至上火175℃、下火165℃继续烘烤10~15分钟即熟。

注意事项：

（1）派皮放到派盘后，周边角要压实，但不能抻拽，否则烘烤时会导致派皮回缩。

（2）派皮底部要用叉子戳洞，使派皮完全贴住派盘，防止产生气泡。

（3）烘烤时，开始要用高温，使馅料快速凝固，派皮具有酥脆感。

三、制作派的常见问题及原因

（1）面团硬：油脂太少，液体不足，面粉搅拌过度导致筋性太大；擀制时间太长或使用碎料太多；水分过多。

（2）未成酥皮状：油脂不足，油脂搅拌过度；面团搅拌过度或擀制太久；面团或配料温度过高。

（3）底层潮湿或不熟：烘烤温度过低；派底温度不够；填入热馅料；烘焙时间不够；面团种类选择不当；水果派馅中淀粉量不足。

（4）派皮收缩：面团揉制过度；油脂不足；面粉筋性太大；水分过多；面团拉扯过多；面团松弛时间不足。

（5）馅料溢出：顶部派皮未留气孔；上下皮接合处未贴和；烤箱温度过低；水果过酸；填入热馅料；派馅中淀粉量不足；派馅中糖量过多；馅料过多。

任务实施

一、原料配方

派皮：低筋面粉250g，鸡蛋50g，黄油110g，细砂糖90g。

表面装饰：黄油80g，细砂糖80g，低筋面粉160g。

苹果馅：苹果肉500g，黄油20g，细砂糖60g，肉桂粉1g，葡萄干100g，玉米淀粉20g，水50g。

二、制作过程

（一）工具准备

电子秤、玻璃碗、水果刀、少司锅、软刮刀、刮板、派盘、冰箱、擀面杖、烤盘、烤箱。

（二）工艺流程

准备原料→制作苹果馅→制作黄油酥粒→制作派皮面团→装模→烘烤→冷却脱模→切件装盘。

（三）制作步骤

（1）准备原料，如图4-3-1所示。苹果去皮切丁，如图4-3-2所示。

（2）少司锅内放入黄油，加热熔化，如图4-3-3所示；放入苹果丁，用中大火翻炒至出水分，如图4-3-4所示。

（3）加入细砂糖，翻炒至糖熔化后转小火熬10分钟，如图4-3-5所示；加入玉米淀粉水勾芡，如图4-3-6所示；趁热加入肉桂粉拌匀，如图4-3-7所示；待冷却后加入葡萄干，拌匀成苹果馅，如图4-3-8所示。

（4）黄油、细砂糖、过筛后的低筋面粉混合搓成黄油酥粒，如图4-3-9所示。

（5）将低筋面粉过筛，加入黄油、细砂糖、鸡蛋，用叠压手法制作派皮面团，如图4-3-10所示；派皮面团放入冰箱冷冻15分钟。

图4-3-1　准备原料

图4-3-2　苹果去皮切丁

图4-3-3　加热熔化黄油

图4-3-4　翻炒至出水分

图4-3-5　小火熬制

（6）将冷冻后的派皮面团擀薄至厚度为3mm，铺盖在派盘上，如图4-3-11所示；去掉派盘边缘多余的面团，整理收边，如图4-3-12所示。

图4-3-6　加入玉米淀粉水勾芡

图4-3-7　趁热加入肉桂粉拌匀

图4-3-8　拌匀成苹果馅

图4-3-9　黄油、低筋面粉、细砂糖混合搓成黄油酥粒

图4-3-10　制作派皮面团

图4-3-11　将面团擀薄至5mm，铺盖在派盘上

图4-3-12　去掉派盘边缘多余面团，整理收边

（7）将苹果馅放入派盘中填至六分满，如图4-3-13所示；在表面均匀撒上黄油酥粒，如图4-3-14所示。

（8）放入烤箱，用上火200℃、下火180℃烘烤约25分钟，烤至派皮成熟、颜色浅黄、内部无生面；从烤箱取出，待冷却，如图4-3-15所示；冷却后脱模，切件装盘，如图4-3-16所示。苹果派成品如图4-3-17所示。

图4-3-13　将苹果馅放入派盘六分满

图4-3-14　在表面均匀撒上黄油酥粒

图4-3-15　冷却

图4-3-16　切件装盘

图4-3-17　苹果派成品

（四）制作关键

（1）煮苹果馅时注意火候，苹果煮出水加糖熔化后转小火熬至出苹果糖胶。

（2）烘烤苹果派时，表面上色即可出炉，不宜长时间低温烘烤，避免苹果馅从底部胀起。

（五）成品标准

（1）成品外壳颜色浅黄，苹果馅料适量，外形美观。

（2）成品外壳酥脆，馅料酸甜可口，苹果香味浓郁。

任务拓展

按照表4-3-2所列的原料、制作流程，制作菠萝派和培根蔬菜咸派。

表4-3-2　制作菠萝派和培根蔬菜咸派一览表

菠萝派	培根蔬菜咸派
原料： 1. 派皮：黄油110g，细砂糖80g，鸡蛋1个，低筋面粉220g，杏仁粉30g； 2. 菠萝馅：菠萝肉300g，白糖30g，黄油20g，玉米淀粉20g，水20g； 3. 刷蛋液：蛋黄液20g	原料： 1. 派皮：低筋面粉250g，黄油120g，细砂糖30g，盐2g，鸡蛋1个，蛋黄1个； 2. 派馅料：培根100g，洋葱50g，口蘑50g，盐3g，黑胡椒碎1g，马苏里拉奶酪150g，法香10g，小番茄3个； 3. 淡奶液：鸡蛋2个，淡奶油120g，牛奶60g，盐4g
制作流程： 1. 菠萝去皮去心，切丁，泡入清水中； 2. 锅中加入黄油，中火加热至熔化，加入菠萝、白糖煮至出水分转小火煮约15分钟，用玉米淀粉水勾芡成菠萝馅，离火，冷却待用； 3. 派皮原料混合成派皮面团，放入冰箱冷冻15分钟； 4. 将冷冻好的面团擀至厚4～5mm，放入派盘后在底部打上小孔，放入菠萝馅； 5. 将剩余派皮擀薄至3mm，切出7～8mm宽的长条状，以网格状编织在派表面上，刷上蛋黄液； 6. 放入烤箱，用上火190℃、下火180℃烘烤约25分钟，至表面金黄色从烤箱取出，待冷却后脱模，切件装盘	制作流程： 1. 派皮原料混合成面团，放入冰箱冷冻15分钟； 2. 培根切条，洋葱切丝，口蘑切片，用锅炒熟后放入盐和黑胡椒碎调味； 3. 鸡蛋、牛奶混合后过滤，加入淡奶油和盐拌匀成淡奶液，待用； 4. 将冷冻好的面团擀至厚4～5mm，放入派盘，底部放上一半马苏里拉奶酪，再放炒好的培根等馅料，然后放剩余的马苏里拉奶酪； 5. 在馅料表面放上切片的小番茄、法香，淋上淡奶液至九成满； 6. 放入烤箱，用上火200℃、下火190℃烘烤约20分钟，至表面金黄色成熟后从烤箱取出，待冷却后脱模、切件装盘
制作关键： 1. 煮制菠萝馅时注意火候，火过大容易将菠萝馅煮干； 2. 派皮冰冻过后更易于操作	制作关键： 1. 培根馅料炒熟即可； 2. 淡奶液放入派内部易过满，烘烤时容易溢出

任务评价

学生完成任务后，按照表4-3-3所列的评价要求开展自评、互评，教师和企业导师根据学生制作的情况给以评价，并填入表4-3-3。

表4-3-3 制作苹果派评价表

任务名称	制作苹果派	班级		姓名		
评价内容	评价要求	评价 （是/否）	学生自评	小组互评	教师评价	企业导师评价
制作准备	职业着装是否符合：帽子端正、工装整洁、头发不露出帽子	是/否				
	原料是否按照数量备齐	是/否				
	操作工具是否按照种类、数量备齐	是/否				
制作过程	派皮：是否将低筋面粉过筛，加入黄油、细砂糖、鸡蛋，用叠压手法制作派皮面团	是/否				
	面团成型：是否将派皮面团放入冰箱冷冻15分钟，取出面团擀至约3mm，铺盖在派盘上	是/否				
	入模成型：是否去掉派盘边缘多余面团，整理收边，用牙签在底部扎孔排气	是/否				
	苹果馅：是否将苹果切丁后煮软成馅，放入派盘中	是/否				
	烘烤：烤箱温度、烘烤时间是否把握正确，即上火200℃、下火180℃烘烤约25分钟至表面上色	是/否				
	装盘：冷却后脱模，切件整齐、规则、美观	是/否				
卫生	操作工具干净整洁，无污渍	是/否				
	操作工位案台干净整洁，无杂物	是/否				
	成品器皿干净卫生，无异物	是/否				
成品质量	成品外壳颜色浅黄，苹果馅料适量，外形美观	是/否				
	成品外壳酥脆，馅料酸甜可口，苹果香味浓郁	是/否				
评价（合格/不合格） （全部为"是"则合格，有一项为"否"则不合格）						

岗课赛证

苹果派是各种西方节日和西式派对中的常见品种，使用场景多，味道丰富独特。制作苹果派需要重点掌握混酥面团的调制和苹果馅料的加工。我们通过制作特定主题活动产品，可以迎合市场需求。

巩固提升

一、选择题

1. 派皮过度收缩的原因是（　　）。

A. 派皮中油脂含量太多　　　　　　B. 面粉筋度过低

C. 水分太多　　　　　　　　　　　D. 揉捏整形时间过长

2. 派皮坚韧不酥的原因是（　　）。

A. 派馅料装盘时太热　　　　　　　B. 油脂用量太多

C. 面团和面时间太久　　　　　　　D. 烘烤时间太长

3. 派皮在和面过度时起筋，会影响成品（　　）。

A. 膨松　　　　B. 收缩　　　　　C. 软化　　　　　　D. 口感更佳

4. 派皮烘烤后从模具取出易碎的原因是（　　）。

A. 配方中油脂含量太少　　　　　　B. 烘烤时间不足

C. 派皮未冷却直接取出　　　　　　D. 配方中糖含量太多

二、思考题

1. 制作苹果派时，导致派皮收缩的原因有哪些？

2. 在苹果派制作中，要设计出独特的派皮和装饰？你是如何发挥创造力和想象力，是如何体现你的个性和创新能力的？

任务四　制作酥皮泡芙

任务情境

与酒店合作的某公司准备举行20周年活动庆典，需要制作巨型泡芙塔。琪琪在师傅和同事的帮助下，拟出适宜的方案，进入制作泡芙塔的环节。

微课15　酥皮泡芙

任务目标与要求

制作泡芙的任务目标与要求见表4-4-1所列。

表4-4-1　制作泡芙的任务目标与要求

工作任务	制作60个圆形泡芙
任务目标	1. 了解泡芙的制作原理及特点； 2. 掌握泡芙面糊的调制过程及技巧； 3. 掌握泡芙的挤注成型方法； 4. 掌握泡芙的烤制方法； 5. 学会举一反三制作不同口味或创意造型的泡芙； 6. 能制作出5款不同造型的泡芙
任务要求	1. 泡芙面糊小火煮至熟透，成团状； 2. 熟面团搅拌冷却至70℃以下，开始加入鸡蛋； 3. 少量、多次加入鸡蛋，搅拌均匀； 4. 面糊搅拌至表面光滑无颗粒，提起呈不流动的倒三角状； 5. 生面糊挤注成直径为3cm大小的实心圆球状，生坯大小均匀，间隔3～4cm； 6. 泡芙酥皮呈圆形，直径为4cm，厚度为2mm； 7. 生坯烤至外形饱满，颜色金黄，外皮酥脆，呈中空状； 8. 泡芙馅口感顺滑无颗粒，气味香甜； 9. 个人独立完成任务； 10. 操作过程符合职业素养要求和安全操作规范； 11. 产品达到企业标准，符合食品卫生要求

知识准备

泡芙（puff）又叫气鼓、哈斗，是一种源自意大利的甜食。泡芙是用水、黄油、面粉和鸡蛋制作奶油面皮，包裹卡仕达酱、奶油、巧克力等馅心。泡芙在法国是象征吉庆、友好、和平的甜点，在节庆典礼场合（如婴儿诞生或新人结婚时），习惯将泡芙蘸焦糖后堆成塔状庆祝，称作泡芙塔，取喜庆与祝贺之意。

一、泡芙制作原理

当水温达到53℃以上时，淀粉会溶胀、分裂形成均匀糊状溶液，即糊化。第一次加热使油脂和水沸腾，让油脂在水中散成细小的颗粒，分散的小颗粒油脂可以均匀吸附在大的淀粉颗粒上。第二次加热会让淀粉充分糊化，形成饱含水分的网状小颗粒。由于温度升高，淀粉的吸水量迅速增加，淀粉颗粒的体积也由此急剧膨胀，当其体积膨胀到一定限度后，形成一个网状的含水胶体。这就是淀粉完成糊化后所表现出来的糊状体。

通过加入蛋液搅拌，蛋液中包裹着分散的淀粉颗粒与油脂，而其中的淀粉颗粒中吸收了大量的水分。放入烤箱后，水与油脂快速分离产生爆发性较强的水蒸气，气体的压力推动着面团向外膨胀。

由于淀粉颗粒经过第二次加热后充分糊化，与受热变性的蛋白质形成了具有良好弹性的胶状体，形成外部的骨架，撑起整个泡芙的形状，包裹住空气，因此才能形成中空的类似气球的形状。蛋液中的蛋白也具有起泡性，能增强面团在气体膨胀时的承受能力。蛋白质的热凝固性起到使膨胀后的形状固定的作用。

二、泡芙的挤注手法

在挤泡芙之前，手定好位置，裱花嘴与桌面距离0.5～1cm，垂直慢慢地一直往下挤，挤到差不多大小的时候稍稍往上一拉，就能挤出一个圆鼓形了。在挤泡芙之前，选择合适好看的裱花嘴也是非常重要的，裱花嘴有圆头的，也有带有纹路的，只要能挤出大小均匀、饱满的圆鼓包形即可。

三、泡芙烤制技巧

烘烤泡芙时，可以用190℃高温进行烤焙，让面团内的水蒸气迅速散发出去，使泡芙膨胀。

泡芙膨胀定形之后，通常可以调低烤箱温度至160℃，这个过程是使泡芙内部的水分充分烤干的过程，也是泡芙不下陷的重要一步。

泡芙表皮呈现金黄色状态就可以出炉了。必须强调的是，烤焙泡芙的过程中千万不能打开烤箱，否则温度骤降会使泡芙迅速下陷。

四、泡芙的夹馅与装饰

泡芙的装饰主要包括夹馅和表面装饰，夹馅可以采用奶油夹馅、卡仕达酱、果酱或水果，泡芙表面主要是用巧克力、酥皮、糖粉来进行装饰。

（1）用刀开口时，大小要适当，以防馅料流出。

（2）使用巧克力作为装饰原料时，巧克力的温度应控制在29℃左右，以免影响制品表面的光亮度。

（3）在泡芙表面淋巧克力时，必须待泡芙完全冷却才能制作。

任务实施

一、原料配方

泡芙面糊：水100g，牛奶100g，黄油110g，细砂糖10g，盐2g，高筋面粉125g，鸡蛋200g。

酥皮：黄油50g，细砂糖50g，低筋面粉90g。

馅料：打发奶油300g。

二、制作过程

（一）工具准备

电子秤、玻璃碗、少司锅、软刮刀、擀面杖、套筒、打蛋抽、裱花袋、裱花嘴、泡芙嘴、高温烤布、油纸、烤盘、烤箱。

（二）工艺流程

准备原料→制作泡芙酥皮→制作泡芙面糊→组合酥皮和面糊→烘烤→冷却→挤入奶油馅→装盘。

（三）制作步骤

（1）准备原料，如图4-4-1所示。

（2）将黄油、低筋面粉、细砂糖混合，和成泡芙酥皮面团，如图4-4-2所示；将面团放在铺平的油纸上，折叠油纸，用擀面杖将面团擀成厚度约为1.5mm的面胚，如图4-4-3所示。

（3）用套筒印刻出圆形酥皮，如图4-4-4所示，放入冰箱中冷冻15~20分钟。

（4）锅中放入水、牛奶、黄油、细砂糖、盐放入少司锅中混合，加热至沸腾，如图4-4-5所示。

图4-4-1　准备原料

图4-4-2　和成泡芙酥皮面团

图4-4-3　擀薄

图4-4-4　用圆形模具印刻

图4-4-5　煮开面糊配料

加入已过筛高筋面粉后转小火并迅速搅拌均匀，如图4-4-6所示；继续在火上翻炒面团至完全成熟，如图4-4-7所示。

（5）将面团放到容器中，搅拌温度降至约70℃时，逐个加入鸡蛋搅拌均匀，如图4-4-8所示。

（6）搅拌至提起面糊呈不流动的倒三角状后，将面糊装入裱花袋，间隔3～4cm均匀挤入垫有高温烤布的烤盘上，如图4-4-9所示。

（7）在挤好的泡芙面糊上盖上冷冻好的泡芙酥皮，如图4-4-10所示。

（8）放入烤箱上火190℃，下火165℃烤约10分钟，当泡芙面糊准备起发时，将上火和下火降至160℃（图4-4-11），继续烘烤15分钟至泡芙定型上色后取出，如图4-4-12所示。

（9）待冷却后，在泡芙底部挤入奶油馅，如图4-4-13所示，装盘，酥皮泡芙成品如图4-4-14所示。

图4-4-6　加入面粉迅速搅拌均匀

图4-4-7　翻炒面糊

图4-4-8　搅拌泡芙面糊

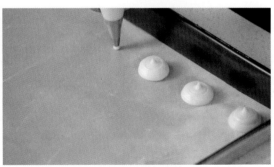

图4-4-9　挤面糊

图4-4-10　盖上泡芙酥皮

图4-4-11　调整烤箱温度

图4-4-12 泡芙面糊准备起发状态

图4-4-13 挤入奶油馅

图4-4-14 酥皮泡芙成品

（四）制作关键

（1）泡芙面糊需完全成熟，混合后可适当翻炒。

（2）面糊挤入烤盘成型时大小一致，均匀分布在烤盘中，便于烘烤成熟。

（五）成品标准

（1）成品色泽金黄，外形圆鼓，大小一致。

（2）成品外酥内软，味道香甜。

任务拓展

按照表4-4-2所列的原料、制作流程，制作闪电泡芙和多色酥皮泡芙。

表4-4-2 制作闪电泡芙和多色酥皮泡芙一览表

闪电泡芙	多色酥皮泡芙
1. 泡芙面糊：水150g，牛奶150g，黄油150g，白糖10g，盐5g，高筋面粉180g，鸡蛋液275g； 2. 馅料：打发奶油200g； 3. 泡芙淋面：水45g，细砂糖90g，葡萄糖浆90g，白巧克力120g，可可脂20g，甜炼乳45g，吉利丁粉5g，纯净水50g	1. 泡芙面糊：水100g，牛奶100g，黄油110g，糖10g，盐2g，高筋面粉125g，鸡蛋200g； 2. 馅料：打发奶油200g； 3. 泡芙酥皮：①绿色：黄油50g，细砂糖50g，低筋面粉90g，抹茶粉3g；②巧克力色：黄油50g，细砂糖50g，低筋面粉85g，可可粉5g；③紫色：黄油50g，细砂糖50g，低筋面粉85g，紫薯粉8g

闪电泡芙	多色酥皮泡芙
制作流程： 1. 泡芙面糊： ①将水、牛奶、黄油、白糖、盐放入锅中一起加热至沸腾，加入过筛好的高筋面粉，搅拌均匀，用中火继续加热至没有水蒸气时离火； ②将面糊放入打蛋桶，边打边分次加入鸡蛋液，搅拌均匀后放入裱花袋，在高温烤布上挤出长条形； ③放入烤箱用上火190℃、下火170℃烘烤约10分钟，稍有膨胀后，降低上火至160℃继续烘烤20分钟； 2. 泡芙淋面： ①吉利丁粉和水混合，隔热水搅拌至溶解，与甜炼乳混合均匀； ②将水、细砂糖、葡萄糖浆用锅一起加热至110℃，加入白巧克力、可可脂，充分拌匀； ③边搅拌边加入炼乳吉利丁溶液至完全混合； ④冷却至25℃使用，可按需使用色素调色； 3. 组合： ①在泡芙底部两端打孔，挤入奶油馅； ②表面淋上泡芙淋面装饰即可	制作流程： 制作过程与酥皮泡芙相同
制作关键： 1. 闪电泡芙成型是长条形，成型大小粗细均匀，便于烘烤； 2. 泡芙淋面在25℃时使用最佳，可适当用冰水降温	

任务评价

学生完成任务后，按照表4-4-3所列的评价要求开展自评、互评，教师和企业导师根据学生制作的情况给以评价，并填入表4-4-3。

表4-4-3　制作酥皮泡芙任务评价表

任务名称	酥皮泡芙	班级		姓名		
评价内容	评价要求	评价（是/否）	学生自评	小组互评	教师评价	企业导师评价
制作准备	职业着装是否符合标准：帽子端正、工装整洁、头发不露出帽子	是/否				
	原料是否按照数量备齐	是/否				
	操作工具是否按照种类数量备齐	是/否				
制作过程	烫面：是否将水、牛奶、黄油、细砂糖、盐加热至沸腾后，加入已过筛的高筋面粉转小火并迅速搅拌均匀	是/否				
	是否将面粉完全烫熟，无生面粉和煮煳	是/否				
	鸡蛋是否是分次加入	是/否				

（续表）

评价内容	评价要求	评价（是/否）	学生自评	小组互评	教师评价	企业导师评价
制作过程	面糊成功后提起是否呈不流动的倒三角状	是/否				
	成型：泡芙面糊是否挤成型似圆锥形状，大小一致	是/否				
	烘烤：烤箱温度、烘烤时间是否把握正确，即用上火190℃、下火165℃烤约10分钟，然后将上火和下火降至160℃，继续烘烤15分钟	是/否				
卫生	操作工具干净整洁，无污渍	是/否				
	操作工位案台干净整洁，无杂物	是/否				
	成品器皿干净卫生，无异物	是/否				
成品质量	成品色泽金黄，外形圆鼓，大小一致	是/否				
	成品外酥内软，味道香甜	是/否				
评价（合格/不合格）（全部为"是"则合格，有一项为"否"则不合格）						

岗课赛证

泡芙是西式面点师中级考证品种，重点考核泡芙面糊的烫制、挤制造型和烘烤成型，是中级考证必须掌握的品种之一。学生获得西式面点师中级证书，可以增强就业竞争力。

巩固提升

一、选择题

1. 煮制泡芙面糊时，正确的操作方法是（　　）。
A. 面粉、油脂、水等原料同时放置锅中加热煮沸
B. 水、油脂煮沸后待冷却加入面粉拌匀
C. 水、油脂煮沸后加入面粉拌匀，继续加热搅拌至面粉完全成熟
D. 加热油脂溶解后放入水和面粉拌匀

2. 酥皮泡芙在烘烤中开裂的原因是（　　）。
A. 烤箱内温度过低，烘烤时间过长
B. 烤箱内温度过高，泡芙烘烤膨胀时未调整温度
C. 面糊未加入足量的鸡蛋
D. 表面酥皮太厚

3. 泡芙在烘烤出炉后凹陷，原因是（　　）。
A. 面糊太干　　　　　　　　B. 使用化学膨松剂
C. 烘烤温度、时间不够　　　D. 面糊水分多

4. 泡芙体积小，不够膨大的原因是（　　　）。

A. 面糊烫熟，能充分吸收搅拌的蛋液

B. 面粉加入煮沸的油水中时间太短，面团内油脂溢出

C. 煮面糊的水中放牛奶

D. 制作面糊时，使用高筋面粉

二、思考题

1. 制作泡芙面糊时，面糊不完全成熟会有哪些情况出现？

2. 在制作泡芙时，为保证泡芙的外观和口感？你是否考虑到烘焙温度和时间的控制，请思考，在日常生活中，时间管理与目标达成有何关联？

模块五　冷冻甜点类

思政导读

　　冷冻烘焙食品因具有口感好、生产效率高、节约成本、易于协调产销存、品质安全稳定、便于品种多样化等多种优点，在欧美国家得到迅速普及和发展。冷冻食品技术引入我国后，使现烤烘焙食品销售渠道由过去以烘焙店为主逐渐发展成烘焙店、商超、餐饮、饮品店、便利店和电商等并行的局面，推动了烘焙行业销售渠道的丰富。

任务一　制作巧克力慕斯

微课16　巧克力慕斯

任务情境

　　为了增加酒店自助餐的甜点品种，自助餐厅向西饼房发出求助信息。琪琪根据现有品种和对顾客群体的消费调查，决定在自助餐中增加巧克力慕斯。

任务目标与要求

　　制作巧克力慕斯的任务目标与要求见表5-1-1所列。

表5-1-1　制作巧克力慕斯的任务目标与要求

工作任务	制作8寸的巧克力慕斯蛋糕
任务目标	1. 了解制作巧克力慕斯的工具和原料； 2. 掌握吉利丁粉的使用方法； 3. 掌握巧克力慕斯的制作工艺及要领； 4. 掌握打发鲜奶油的技巧； 5. 学会装饰巧克力慕斯
任务要求	1. 选择合适的制作慕斯的原料和工具 2. 按1：4的比例将吉利丁粉和冰饮用水混合，吉利丁粉用60℃左右的温度隔水熔化至液体状态； 3. 奶油打发至六成发，即会缓慢掉落状态； 3. 按正确的投料顺序调制巧克力慕斯糊至顺滑状 4. 慕斯冷藏至表面无流动，中心无黏液状态； 5. 成品表面装饰美观，有创意； 6. 个人独立完成任务； 7. 操作过程符合职业素养要求和安全操作规范； 8. 产品达到企业标准，符合食品卫生要求

知识准备

慕斯（mousse）是一种奶冻式甜点，通常是加入奶油与凝固剂来制成浓稠冻状的效果，是用吉利丁溶液凝结乳酪及鲜奶油而成，不必烘烤即可食用，可以直接吃或做蛋糕夹层，具有口感细腻、入口即化的特点。

慕斯蛋糕是由固体料层和液体馅层重叠组合，经冷凝成型的一类甜点。固体料层一般选用蛋糕，如戚风蛋糕或海绵蛋糕；液体馅层指用奶油、奶酪、巧克力、酸奶、动物胶等原料混合的慕斯馅。制作慕斯有专门的慕斯粉，也可使用鱼胶粉、吉利丁片等胶冻原料。

一、原料知识

（一）吉利丁

吉利丁（图5-1-1）又称明胶或鱼胶，从英文gelatine音译而来。吉利丁是从鱼骨或牛骨中提炼出来的胶质，主要成分为蛋白质。片状的吉利丁叫作吉利丁片，半透明，黄褐色，有腥臭味，使用前需先泡冰水呈透明软胶片状，把多余的水沥干后才能隔水熔化。粉状的吉利丁叫作吉利丁粉，功效与吉利丁片一样，使用时先倒入冰水混合，使其吸收足够水分后，再隔水加热至熔化。吉利丁液冷却后可使液体凝固，常用来做慕斯、布丁等甜点。

图5-1-1　吉利丁

（二）奶油

1. 动物奶油

动物奶油也叫作淡奶油、稀奶油或乳脂奶油，是从全脂奶中分离得到的，有着天然的浓郁乳香。动物奶油中的脂肪含量为30%～38%，动物奶油含水分多、油脂少，易化，制作裱花蛋糕后形状不易保持，室温下存放的时间稍长就会变软变形，需要在0℃～5℃冷藏保存。奶油的打发，是靠大量空气的充入，使奶油体积膨胀。动物奶油打发率较低，最多膨胀到2倍大。

2. 植物奶油

植物奶油又叫作人造奶油、植脂奶油等，常常被作为动物奶油的替代品。植物奶油多是植物油氢化后，加入人工香料、防腐剂、色素及其他添加剂制成的。植物奶油通常不含乳脂和胆固醇，含有反式脂肪酸，摄入过多会导致人胆固醇增高，增加心血管疾病的发病概率。植物奶油打发率较高，可膨胀至3倍以上。由于不含乳脂成分，植物奶油的熔点比动物奶油高，稳定性强，适合做复杂奶油造型，能在室温下保持1小时不熔化。

二、奶油打发的技巧

（一）动物奶油

1. 打发速度

在打发奶油的过程中，速度控制极其重要，打发速度过快或过慢就容易导致奶油过度打发，出现油和奶分离或打发不起来的现象。打发动物奶油时，打蛋器的速度不宜过快，选用中速最佳。

2. 打发时长

奶油打发的时长也非常重要。一般来说，打蛋器调至中速，将奶油打发2分钟左右即可。另外，我们在打发奶油时，需要注意观察奶油成型情况。打发时间太长说明速度过慢、温度过低；打发时间太短，说明速度过快，打发的奶油易熔化变形。

3. 打发温度

动物奶油需要冷藏储存，打发的最佳温度是在2℃~10℃。最好是在需要打发奶油时，才将奶油从冰箱中取出，保证奶油温度。温度过高，易导致奶油无法打发成型。

（二）植物奶油

1. 打发速度

植物奶油宜用中速或高速打发。中速打发能够帮助奶油冰渣融化，高速打发可以使奶油快速充入大量空气，体积膨胀。

2. 打发时长

植物奶油打发的容量在搅拌桶10%~25%，过多或过少都会影响奶油打发质量。植物奶油的打发时间较长，为5分钟左右。

3. 打发温度

植物奶油最佳打发温度为0℃~5℃，其状态应该是半解冻状态，即从盒子里倒出，奶油中含有碎冰且能流动的状态。

三、奶油打发的状态

以淡奶油打发为例，奶油打发至提起打蛋头，会缓慢滴落，纹路不太清晰，且会慢慢消失，即湿性发泡（七成），适合做慕斯蛋糕、提拉米苏等。奶油打发至光滑细腻，提起打蛋头可以拉出大弯勾，纹路比较清晰且不消失，即中性发泡（八成），适合用来抹面、调色、装饰。奶油继续打发至纹路清晰、光滑、结实，即干性发泡（九成），适合夹馅、裱花、做千层蛋糕。若再继续打发，奶油容易出现水油分离状态，表面粗糙，非常结实，提起打蛋头可拉起一大块奶油，即过度发泡（十成），可用来做馅料。

任务实施

一、原料配方

（1）巧克力蛋糕底：牛奶70g，融化黄油60g，细砂糖40g，低筋面粉100g，玉米淀粉25g，可可粉15g，蛋黄100g，鸡蛋清200g，盐1g，塔塔粉3g，细砂糖110g。

（2）巧克力慕斯糊：黑巧克力150g，蛋黄50g，细砂糖50g，水50ml，吉利丁片12g，冰水60ml，朗姆酒15ml，打发淡奶油300g。

（3）巧克力淋面装饰：黑巧克力100g，牛奶50g，吉利丁片3g，装饰巧克力片8片。

二、制作过程

(一)工具准备

电子秤、玻璃碗、软刮刀、手持打蛋器、慕斯圈、蛋糕底托、勺子、拌料盆、喷火枪。

(二)工艺流程

准备原料→制作蛋糕底→调制慕斯糊→成型→冷冻→调制淋面→脱模→装饰。

(三)制作步骤

(1)准备原料,如图5-1-2所示。

(2)将巧克力蛋糕用慕斯圈裁切出来,如图5-1-3所示;黑巧克力切碎,如图5-1-4所示。

(3)细砂糖和水加热煮沸后冲入蛋黄中,如图5-1-5所示;将蛋黄液与黑巧克力碎混合,如图5-1-6所示;加入泡软的吉利丁片,如图5-1-7所示;加入打发至六成的淡奶油,混合成慕斯糊,如图5-1-8所示;温度降低后加入朗姆酒,如图5-1-9所示。

图5-1-2 准备原料

图5-1-3 将巧克力蛋糕用慕斯圈裁切出来

图5-1-4 黑巧克力切碎

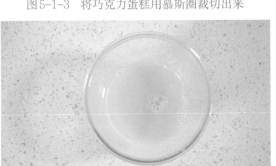

图5-1-5 细砂糖、水煮开后冲入蛋黄

图5-1-6 将蛋黄液与黑巧克力碎混合

图5-1-7　加入泡软的吉利丁片

图5-1-8　混合成慕斯糊

图5-1-9　温度降低后加入朗姆酒

图5-1-10　放入慕斯馅

（4）用保鲜膜包裹住慕斯圈的底部，将蛋糕底托垫在下方，放入一片巧克力蛋糕打底倒入慕斯馅至1/2处，如图5-1-10所示；再放入第二片巧克力蛋糕，将慕斯糊填满模具，如图5-1-11所示；抹平表面（图5-1-12），放入冰箱冷冻2小时至硬。

（5）将牛奶倒入黑巧克力碎中，隔水加热至无颗粒的顺滑状态，如图5-1-13所示；放入泡软的吉利丁片，搅拌至完全融合，如图5-1-14所示；将放凉的巧克力淋面淋在冻硬的巧克力慕斯表面，如图5-1-15所示。

（6）用喷火枪在慕斯圈四周加热脱模，如图5-1-16所示。

（7）将慕斯蛋糕装入盘中，装饰巧克力片，如图5-1-17所示；装饰糖粉，如图5-1-18所示。巧克力慕斯成品如图5-1-19所示。

图5-1-11　放入第二片蛋糕底，填满模具

图5-1-12　抹平表面

图5-1-13　隔水加热牛奶和黑巧克力碎

图5-1-14　搅拌至完全融合

图5-1-15　将放凉的巧克力淋面淋在冻硬的巧克力慕斯表面上

图5-1-16　用喷火枪脱模

图5-1-17　装饰巧克力片

图5-1-18　装饰糖粉

图5-1-19　巧克力慕斯成品

（四）制作关键

（1）奶油打发至六成，打发不够成品质感较硬，打发过度不易成型。

（2）淋面时，慕斯应刚从冰箱冷冻层中取出。

（五）成品标准

（1）成品质感光滑，无气孔状。

（2）口感香甜柔滑，入口即化。

任务拓展

按照表5-1-2所列的原料、制作流程，制作蓝莓慕斯和芒果酸奶慕斯。

表5-1-2　制作蓝莓慕斯和芒果酸奶慕斯一览表

蓝莓慕斯	芒果酸奶慕斯
原料： 蓝莓果酱100g，细砂糖25g，明胶粉8g，纯净水80g，打发六成的淡奶油250g，6寸蛋糕底两片，蓝莓、薄荷叶、巧克力装饰配件适量	原料： 饼干底：消化饼干150g，黄油75g，细砂糖10g； 芒果慕斯：芒果果泥150g，细砂糖50g，明胶粉6g，水60g，打发六成的淡奶油150g； 酸奶慕斯：酸奶200g，奶油乳酪50g，细砂糖20g，明胶粉8g，水80g，打发六成的淡奶油200g； 芒果果冻：芒果果泥150g，明胶粉4g，水40g
制作流程： 1. 将一片6寸蛋糕底垫在模具底部； 2. 用料理棒将蓝莓果酱与细砂糖搅拌均匀； 3. 明胶粉与纯净水混合后隔水加热至溶解； 4. 明胶溶液与蓝莓果酱混合均匀，加入到打发六成的淡奶油中轻拌混合成慕斯糊； 5. 将慕斯糊放入模具一半的位置，放入另一片蛋糕底，再将慕斯糊倒入模具至满； 6. 表面抹平，放入冰箱中冷冻1小时； 7. 从冰箱中取出后，用喷火枪脱模，热刀切件； 8. 装饰上蓝莓、巧克力装饰配件和薄荷叶即可	制作流程： 1. 消化饼干用擀面杖压碎成粉末，与黄油、细砂糖混合成饼底，垫在8寸模具搅拌均匀底部； 2. 芒果果泥与细砂糖用料理棒搅拌，与隔水加热熔化后的明胶水混合，再与打发六成的奶油混合成芒果慕斯糊； 3. 将芒果慕斯糊倒入模具中约五成满，放入冰箱中冷冻约15分钟至表面凝固； 4. 奶油乳酪隔热水软化至无颗粒状，酸奶加入细砂糖混合隔水至常温状，两者再混合均匀； 5. 加入隔水熔化后的明胶水混合均匀，最后与打发六成的淡奶油制作成酸奶慕斯，装入模具至九成满，放入冰箱中冷冻约15分钟至表面凝固； 6. 芒果果泥与隔水熔化后的明胶水混合，淋到凝固的慕斯表面上，再放入冰箱中冷冻约1小时； 7. 从冰箱中取出后用喷枪脱模
制作关键： 1. 明胶溶液混合材料后应迅速入模具，避免材料凝固； 2. 脱模时用喷火枪，切件用热水或喷火枪加热刀具	制作关键： 1. 芒果慕斯入模具后需冷凝表面再加入酸奶慕斯，否则会出现两种材料半混合状在成品中； 2. 混合完明胶溶液后应立即操作下一步，避免材料凝固，不便操作

任务评价

学生完成任务后，按照表5-1-3所列的评价要求，开展自评、互评，教师和企业导师根据学生制作的情况给以评价，并填入表5-1-3。

表5-1-3　制作巧克力慕斯任务评价表

任务名称	巧克力慕斯	班级		姓名		
评价内容	评价要求	评价（是/否）	学生自评	小组互评	教师评价	企业导师评价
制作准备	职业着装是否符合标准：帽子端正、工装整洁、头发不露出帽子	是/否				
	原料是否按照数量备齐	是/否				
	操作工具是否按照种类、数量备齐	是/否				
制作过程	蛋糕底：是否按照戚风蛋糕制作步骤完成	是/否				
	巧克力：是否将黑巧克力切碎后再与细砂糖、水、蛋黄混合物搅匀	是/否				
	吉利丁片：吉利丁片是否用冰水泡软	是/否				
	奶油打发：奶油是否打发至六成再混合巧克力液	是/否				
	成型：是否按照底部放入蛋糕后加入慕斯糊再加入蛋糕片，最后再加入剩下慕斯糊的顺序进行	是/否				
	冷冻：放入冰箱中冷冻2小时至硬，再将巧克力淋面淋在冻硬的慕斯表面上	是/否				
卫生	操作工具干净整洁，无污渍	是/否				
	操作工位案台干净整洁，无杂物	是/否				
	成品器皿干净卫生，无异物	是/否				
成品质量	成品质感光滑，无气孔状	是/否				
	口感香甜柔滑，入口即化	是/否				
评价（合格/不合格） （全部为"是"则合格，有一项为"否"则不合格）						

岗课赛证

巧克力慕斯是西式面点师高级考证品种，重点考核慕斯面糊的调制和冷冻成型，蛋糕装饰技巧，是高级考证必须掌握的重要品种之一。西式面点师高级证书是企业选拔人才和寻用人才的重要参考条件。

巩固提升

一、选择题

1. 慕斯（mousse）是一种奶冻式甜点，通常是加入（　　）与凝固剂来制成浓稠冻状的效果。

　　A. 黄油　　　　B. 调和油　　　　C. 酥油　　　　D. 奶油

2. 吉利丁又称明胶或鱼胶，从英文gelatine音译而来。吉利丁是从鱼骨或牛骨中提炼出来胶质，主要成分为（　　）。

　　A. 氨基酸　　　B. 蛋白质　　　　C. 碳水化合物　　　D. 葡萄糖

3. 制作慕斯蛋糕由（　　）等原料组合而成。

　　A. 鸡蛋、玉米淀粉、牛奶　　　　　B. 鲜奶油、蛋清、果汁

　　B. 鲜奶油、吉利丁、果汁　　　　　C. 蛋黄、果胶、牛奶

4. 慕斯脱模正确的方法是（　　）。

　　A. 从冰箱中取出自然化冰后再脱模　　B. 隔水化冰后再脱模

　　B. 用喷火枪或快速加热工具脱模　　　C. 以上方法都可以

二、思考题

1. 用吉利丁片和明胶粉制作慕斯时，操作过程及成品有什么区别？

2. 在制作巧克力慕斯的过程中，请结合食品营养与卫生知识，思考健康饮食和营养均衡的重要性。

任务二　制作提拉米苏

微课17　提拉米苏

任务情境

下周三是酒店的一位VIP顾客结婚30周年纪念日。为了使结婚纪念日的晚餐更有氛围感，餐厅向西饼房预订了一个提拉米苏蛋糕。琪琪抓住了这个学习机会，跟着师傅一起制作提拉米苏。

任务目标与要求

制作提拉米苏的任务目标与要求见表5-2-1所列。

表5-2-1　制作提拉米苏的任务目标与要求

工作任务	制作一个8寸的提拉米苏
任务目标	1. 了解制作提拉米苏的工具和原料； 2. 掌握吉利丁片的使用方法； 3. 学会运用分蛋搅拌法制作手指饼干； 4. 掌握提拉米苏馅的调制方法； 5. 学会装饰提拉米苏； 6. 能制作一款具有中国饮食文化的提拉米苏
任务要求	1. 选择适合制作提拉米苏的原料和工具； 2. 吉利丁片用适量的冰水泡至透明胶质状态，隔水加热熔化成液体； 3. 手指饼干大小均匀、粗细一致、口感松脆、色泽金黄； 4. 奶油打发至七成，即会缓慢掉落状态； 3. 按正确的投料顺序调制提拉米苏馅至顺滑无颗粒； 4. 提拉米苏冷藏至表面无流动、中心无黏液状态； 5. 成品表面装饰美观，有创意； 6. 个人独立完成任务； 7. 操作过程符合职业素养要求和安全操作规范； 8. 产品达到企业标准，符合食品卫生要求

知识准备

提拉米苏（Tiramisu）是一种带咖啡酒味的意式甜品，采用马斯卡彭芝士、鲜奶油为主要材料，再以手指饼干取代传统甜点的海绵蛋糕，加入咖啡、可可粉等其他原料制作而成。提拉米苏最上面是薄薄的一层可可粉，中间是奶酪馅和吸收了咖啡的手指饼干。吃到嘴里香、滑、甜、腻，柔和中带有质感的变化。

一、原料知识

（一）可可粉

可可粉（图5-2-1）是从可可树结出的豆荚里取出的可可豆，经发酵、粗碎、去皮等工

图5-2-1　可可粉

图5-2-2　马斯卡彭奶酪

图5-2-3　咖啡利口酒

序得到的可可豆碎片（通称可可饼），由可可饼脱脂粉碎之后的粉状物，即为可可粉。可可粉具有浓烈的可可香气，可用于制作高档巧克力、饮品、牛奶、冰激凌、糖果、糕点及其他含可可的食品。

天然可可粉是由可可豆磨制而成的棕褐色粉末，味苦，香味浓郁，含有蛋白质、多种氨基酸、高热量脂肪、铜、铁、锰、锌、磷、钾、维生素A、维生素D、维生素E、维生素B_1、维生素B_2、维生素B_6及具有多种生物活性功能的生物碱，主要用于调色或增香。

（二）马斯卡彭奶酪

马斯卡彭奶酪（图5-2-2）（Mascarpone Cheese）是用轻质奶油（light cream，也就是通常所说的淡奶油）加入酒石酸后转为浓稠而制成。其保质期短，难以保存，市售的价格高昂，开封后密封冷藏保存期为5天，常用于制作提拉米苏、披萨及其他蛋糕。

（三）咖啡利口酒

咖啡利口酒（图5-2-3）（Coffee Liqueur）酒精度为20%～30%，酒液呈深褐色，酒体较浓稠，咖啡香味浓郁，是一种极富特色的酒品。世界著名的咖啡利口酒品牌有原产于牙买加的添万利（Tia Maria）、墨西哥的甘露（Kahlúa）、法国的咖啡乳酒及荷兰波士公司生产咖啡甜酒。其中常用来制作提拉米苏的是甘露咖啡酒，其利用墨西哥的咖啡豆为原料，以朗姆酒为酒基，并添加适量的可可及香草精制作而成，酒精度为26.5%Vol，口味甜美，包装风格独特，具有浓厚的乡土气息。

二、提拉米苏盛装容器

提拉米苏可以使用不锈钢盘子、方形蛋糕容器、玻璃杯、陶瓷杯、慕斯杯等容器盛装，需根据不同的食用场景灵活选择容器。

提拉米苏最传统的装饰就是蛋糕表面筛上一层薄薄的无糖可可粉，淡淡的苦涩中和了提拉米苏的甜腻。

任务实施

一、原料配方

（1）手指饼干：蛋黄100g，细砂糖120g，蛋清125g，低筋面粉60g，玉米淀粉60g，糖粉50g。

（2）乳酪馅：马斯卡彭乳酪250g，细砂糖100g，蛋黄75g，淡奶油500mL，吉利丁片15g，咖啡酒15mL。

（3）咖啡酒水：意式咖啡150g，细砂糖30g，咖啡酒10ml。

（4）表面装饰：可可粉20g。

二、制作过程

（一）工具准备

电子秤、手持打蛋器、剪刀、方形蛋糕模具、打蛋抽、高温烤布、拌料盆、软刮刀、裱花袋、小毛刷、密筛、烤盘、烤箱。

（二）工艺流程

准备原料→制作手指饼干→调制咖啡酒水→制作乳酪馅→组合装模→冷冻→装饰。

（三）制作步骤

（1）准备原料，如图5-2-4所示。

（2）制作手指饼干。在蛋黄中加入细砂糖，将蛋黄用手持打蛋器打发至乳黄色，且能画出"8"字纹路慢慢消失的状态，如图5-2-5所示。蛋清和细砂糖打发至乳白色，如图5-2-6所示。蛋白霜和蛋黄糊混合搅拌后，加入过筛后的低筋面粉和玉米淀粉，用翻拌手法混合均匀，如图5-2-7所示。把面糊装入裱花袋，在垫有高温烤布的烤盘上，挤成5cm左右的长条

图5-2-4　准备原料

图5-2-5　蛋黄和细砂糖打发至乳黄色　　　　图5-2-6　蛋清和细砂糖打发至乳白色

状，如图5-2-8所示。在长条表面均匀撒上糖粉，如图5-2-9所示。放入烤箱中，用上火200℃、下火180℃烘烤约15分钟后取出，成品如图5-2-10所示。

图5-2-7　混合均匀

图5-2-8　5cm的长条状

图5-2-9　在表面均匀撒上糖粉

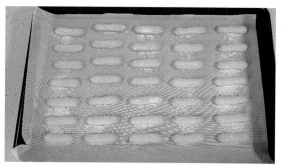

图5-2-10　手指饼干成品

（3）制作咖啡酒水。意式咖啡与细砂糖搅拌均匀，待咖啡冷却后，再加入咖啡酒，搅拌均匀，如图5-2-11所示。

（4）吉利丁片用冰水泡至透明胶质状态，隔水加热熔化成液体，如图5-2-12所示。蛋黄和细砂糖放入拌料盆搅拌均匀，用80℃以上的热水隔水加热，搅拌至蛋黄变黏稠状，如图5-2-13所示。将在室温下软化后的马斯卡乳酪，用打蛋抽搅拌均匀，分次将蛋黄糊加入马斯卡乳酪中，搅拌均匀，如图5-2-14所示；再放入15mL的咖啡酒，搅拌均匀，如图5-2-15所示；再放入吉利丁片溶液，搅拌均匀，如图5-2-16所示；再将打发好的淡奶油分次加入，用软刮刀翻拌至顺滑状态，如图5-2-17所示。

（4）组合：用手指饼干垫在方形蛋糕模具底部，刷上咖啡酒水，如图5-2-18所示；将乳酪馅倒入模具约1/2的位置，手指饼干铺在乳酪馅上面，刷上咖啡酒水，如图5-2-19所

图5-2-11　意式咖啡与糖搅拌至溶解，再加入咖啡酒

图5-2-12　吉利丁片用水泡软，隔水加热融化

示；再将乳酪馅覆盖在上面，刮平整后（图5-2-20），放入冰箱中冷冻2小时；取出后在表面均匀撒上可可粉，如图5-2-21所示。

图5-2-13　搅拌至蛋黄变黏稠状

图5-2-14　在马斯卡彭乳酪中分次加入蛋黄糊并搅拌均匀

图5-2-15　将咖啡酒倒入搅拌好的蛋黄糊中

图5-2-16　将吉利丁液倒入蛋黄糊中搅拌

图5-2-17　分次加入淡奶油

图5-2-18　刷上咖啡酒水

图5-2-19　重复操作

图5-2-20　将乳酪馅刮平整

（5）用喷枪在四周加热脱模，如图5-2-22所示；在提拉米苏蛋糕的边缘装饰上手指饼干，如图5-2-23所示。

（6）装盘，提拉米苏成品如图5-2-24所示。

图5-2-21　取出后在表面均匀撒上可可粉

图5-2-22　用喷枪在四周加热脱模

图5-2-23　在提拉米苏蛋糕的边缘装饰上手指饼干

图5-2-24　提拉米苏成品

（四）制作关键

（1）烘烤前，在手指饼干表面撒上糖粉。

（2）操作应迅速，避免吉利丁降温后凝结，不便操作。

（五）成品标准

（1）可可粉表面装饰均匀，手指饼干围边整齐美观。

（2）咖啡和酒香风味独特，口感细腻柔滑。

任务拓展

按照表5-2-2所列的原料、制作流程，制作木糠杯和草莓冻乳酪。

表5-2-2　制作木糠杯和草莓冻乳酪一览表

木糠杯	草莓冻乳酪
原料： 饼干碎200g，淡奶油400g，细砂糖20g，甜炼乳20g，150ml杯子6个，可可粉15g（表面装饰用）	原料： 消化饼干200g，黄油80g，奶油乳酪300g，细砂糖120g，柠檬汁20g，草莓馅120g，淡奶油250g，细砂糖20g，明胶粉10g，纯净水100g，草莓200g，透明镜面果胶50g

木糠杯	草莓冻乳酪
制作流程： 1. 用料理机将饼干碎搅碎至粉末状； 2. 淡奶油、细砂糖用手持打蛋器打发至黏稠状，再加入炼乳打发至有清晰纹路状，装入裱花袋； 3. 组合：杯子底部均匀挤上一层奶油，再加上一层饼干碎，依次放至杯子表面，最上层为饼干碎； 4. 表面镂空的图案用可可粉过筛装饰	制作流程： 1. 消化饼干压碎，与黄油混合压在模具底部； 2. 淡奶油与细砂糖打发至六成； 3. 奶油乳酪用手持打蛋器打至软化，加入细砂糖用高速挡搅拌均匀； 4. 加入柠檬汁和草莓馅用中速挡搅拌均匀； 5. 加入隔水加热的明胶液，混合成草莓乳酪馅； 6. 将草莓乳酪馅倒入模具1/3处，放入整颗草莓； 7. 再将草莓乳酪馅填满模具，抹平表面，放入冰箱中冷冻2小时； 8. 取出后表面涂抹镜面果胶，用喷火枪脱模，切件装盘
制作关键： 1. 饼干碎为粉末状，没有料理机可用擀面杖压碎； 2. 杯子底部是奶油，最上层是饼干碎	制作关键： 1. 奶油乳酪需搅拌至软化无颗粒； 2. 成品脱模前需有足够的冷冻时间

任务评价

学生完成任务后，按照表5-2-3所列的评价表，开展自评、互评，教师和企业导师根据学生制作的情况给以评价，并填入表5-2-3。

表5-2-3　制作提拉米苏评价表

任务名称	提拉米苏	班级		姓名		
评价内容	评价要求	评价 （是/否）	学生自评	小组互评	教师评价	企业导师评价
制作准备	职业着装是否符合标准：帽子端正、工装整洁、头发不露出帽子	是/否				
	原料是否按照数量备齐	是/否				
	操作工具是否按照种类、数量备齐	是/否				
制作过程	手指饼干：手指饼干是否形状均匀一致，饼干颜色呈金黄色	是/否				
	吉利丁片：是否使用冰水泡软	是/否				
	乳酪馅：是否将蛋黄和细砂糖放入拌料盆搅拌均匀、用80℃以上的热水隔水加热，搅拌至蛋黄变黏稠状，再分次加入马斯卡彭乳酪中	是/否				
	奶油：是否将淡奶油打发至七成，再加入乳酪中	是/否				
	组装：手指饼干垫底，将乳酪馅倒入模具约1/2的位置，再放入手指饼干、刷上咖啡酒水，最后倒入剩下的乳酪馅	是/否				
	冷冻：放入冰箱中冷冻2小时至硬，取出后在表面撒上可可粉	是/否				

（续表）

评价内容	评价要求	评价（是/否）	学生自评	小组互评	教师评价	企业导师评价
卫生	操作工具干净整洁，无污渍	是/否				
	操作工位案台干净整洁，无杂物	是/否				
	成品器皿干净卫生，无异物	是/否				
成品质量	可可粉表面装饰均匀，手指饼干围边整齐美观	是/否				
	咖啡和酒香风味独特，口感细腻柔滑	是/否				
评价（合格/不合格） （全部为"是"则合格，有一项为"否"则不合格）						

岗课赛证

提拉米苏是各种西式宴会和西式自助餐的常见甜点，以独特的口感深受大众的喜爱。制作提拉米苏需要重点掌握手指饼干的制作和面糊的调制，蛋糕装饰技巧。我们需要提高审美能力，创新自助餐主题产品，迎合市场需求。

巩固提升

一、选择题

1. 提拉米苏（Tiramisu）是一种带咖啡酒味的意式甜品，采用（　　）、鲜奶油为主要材料。

A. 黄油　　　　　B. 调和油　　　　　C. 马斯卡彭芝士　　　D. 牛奶

2. 制作提拉米苏的手指饼干时，烘烤前撒上糖粉是为了（　　）。

A. 易于吸收咖啡液　　　　　　B. 使饼干更脆

C. 增加提拉米苏制品口感　　　D. 以上皆是

3. 咖啡利口酒其酒精度为（　　），酒液呈深褐色，酒体较浓稠，咖啡香味浓郁，是一种极富特色的酒品。

A. 5%～10%　　B. 8%～10%　　　C. 20%～30%　　　D. 2%～5%

4. 马斯卡彭乳酪最佳保存环境是（　　）保存。

A. 冷藏　　　　　B. 冷冻　　　　　C. 常温　　　　　D. 阴凉

二、思考题

1. 提拉米苏蛋糕和免烤乳酪蛋糕有何区别？

2. 提拉米苏是一道经典的意大利甜点，可以说是意大利饮食文化传播的使者。请思考如何在尊重和包容他国不同文化、习俗和饮食偏好的基础上，更好的进行中国饮食文化的传承和创新？

任务三　制作焦糖布丁

任务情境

酒店西餐厅承接了一场规模庞大的商务宴席，要求准备焦糖布丁作为饭后甜点。师傅认为琪琪完全可以胜任此次工作任务，于是把制作焦糖布丁的任务交给了琪琪。

任务目标与要求

制作焦糖布丁的任务目标和要求见表5-3-1所列。

表5-3-1　制作焦糖布丁的任务目标和要求

工作任务	制作15份焦糖布丁
任务目标	1. 熟悉焦糖布丁的制作流程及要领； 2. 掌握调制焦糖酱的调制方法； 3. 掌握焦糖布丁的熟制方法； 4. 学会判断焦糖布丁的熟制程度； 5. 掌握确保焦糖布丁出品质量的方法
任务要求	1. 按照正确的投料顺序，用搅拌的方法调制布丁液； 2. 布丁液无气泡、无颗粒； 3. 焦糖酱煮至微黄焦糖色，香甜无苦味； 4. 布丁隔水烤至凝固，中间无黏液，表面能轻轻晃动； 5. 成品装饰美观、有创意； 6. 个人独立完成任务； 7. 操作过程符合职业素养要求和安全操作规范； 8. 产品达到企业标准，符合食品卫生要求

知识准备

布丁是英文pudding的音译，中文意译为"奶冻"，是一种半凝固状的冷冻甜品，主要材料为鸡蛋和奶油，类似果冻。布丁有很多种，如鸡蛋布丁、芒果布丁、鲜奶布丁、巧克力布丁、草莓布丁、焦糖布丁等。其中，焦糖布丁口感细腻滑嫩，质地轻盈，焦糖风味浓郁。

一、原料知识

焦糖（图5-3-1）又称焦糖色，俗称酱色，是把糖煮到170℃时焦化产生的物质，也是用饴糖、蔗糖等熬成的黏稠液体或粉末，深褐色，有苦味，主要用于酱油、糖果、醋、啤酒等的着色。焦糖是一种在食品中应用范围十分广泛的天然着色剂，是一种重要的食品添加剂。

焦糖加入沸水煮化，即液态焦糖，可以用来泡

图5-3-1　焦糖

咖啡或做布丁。焦糖在食品中的应用十分广泛，由焦糖制成的各式甜点极为诱人，拥有特殊的颜色、香味，品尝起来别有一番滋味。

二、布丁制作原理

布丁是利用鸡蛋的热凝固性来制作的一款甜品。热牛奶中含有无机盐类，可以强化鸡蛋的热凝固性，让做出来的布丁更加柔软，口感滑嫩。

鸡蛋的蛋白和蛋黄会在不同温度下凝固。蛋黄在65℃左右开始凝固而且会立刻变硬，至80℃时就会凝固成粉质状。蛋白大约在58℃开始凝固，凝固的速度较蛋黄缓慢，最初是松软的果冻状，至65℃左右开始凝固成柔软状态，透明的颜色会变化成浊白色，约80℃时变成雪白且完全凝固变硬。

细砂糖具有保水性，在鸡蛋中添加细砂糖后加热，蛋白质之间的水分也变得不容易排出，因而难以凝固。另外，用牛奶或者淡奶油稀释鸡蛋，也会使鸡蛋变得难于凝固。因此，添加细砂糖、牛奶或者淡奶油，会使鸡蛋最后凝固的温度变高，制成的糕点更柔软。

三、烤制布丁的容器

（一）铝制款容器

铝材质由于热传导的效率较高，因此能够缩短制作布丁所需的加热时间，成品偏硬一些。

铝制款容器（图5-3-2）的价钱较实惠，同时也能用于制作其他甜点。另外，市面上还有一次性使用的布丁杯模具，需留意其与一般铝制模型的导热速度不同，烤制时间也不同。

（二）不锈钢、硅胶制容器

喜欢口感柔嫩、表面光滑的布丁，可考虑选用不锈钢或硅胶制的布丁杯（图5-3-3）。其中，不

图5-3-2　铝制款容器

图5-3-3　不锈钢、硅胶制容器

图5-3-4　耐热玻璃布丁瓶及陶瓷杯

图5-3-5　可抛弃式的塑料制布丁杯

锈钢制品易清洁与保养，不易生锈，热传导较慢而能延长加热时间，能使成品拥有更为柔软的质地。硅胶制品拥有爱心形、星形等多种的样式，柔软的材质特性能让成品能更容易被取出，且硅胶传递热能所需的时间较长，能很好地制作质地较为丝滑的布丁。

（三）高质感的耐热玻璃布丁瓶或造型陶瓷杯

耐热玻璃杯及陶瓷杯（图5-3-4）常被用于盛放甜点，外形样式多，材质的热传导效能较低，适合半固态的奶酪或口感柔滑的布丁，成品不需取出即能直接享用。但因为玻璃对温度的瞬间巨大变化（温差40℃以上）非常敏感，注意不能突然加热或冷却，以避免容器破裂。

（四）可抛弃式的塑料制布丁杯

一次性使用的塑料制布丁杯（图5-3-5），由于轻便、不易损坏，加上价位较低而能大量购买，常被用于制作伴手礼及大型活动的餐点。塑料杯可分为耐热及不耐热材质，若是想要利用蒸锅、微波炉，或是以隔水蒸烤法制布丁，务必确认是否为PP耐热材质，以确保安全。

任务实施

一、原料配方

细砂糖250g，热水100g，蛋黄75g，全蛋100g，牛奶500g，牛奶150g，淡奶油250g。

二、制作过程

（一）工具准备

电子秤、打蛋抽、软刮刀、布丁模具、平底锅、拌料盆、面粉筛、烤盘、烤箱。

（二）工艺流程

准备原料→制作焦糖汁→装模→制作布丁液→装模→烘烤→冷却→脱模装盘。

（三）制作步骤

（1）准备原料，如图5-3-6所示。

（2）制作焦糖汁：将细砂糖放入无水的锅中加热至熔化，慢慢搅拌，避免粘锅，如图5-3-7所示；加入热水，煮成焦糖汁，如图5-3-8所示；焦糖汁稍冷却后，将其装入布丁杯中，如图5-3-9所示。

（3）制作布丁液：将蛋黄、鸡蛋、细砂糖轻拌混合，混合均匀后，加入牛奶，继续搅拌，如图5-3-10所示；将剩余的牛奶加热至沸腾，如图5-3-11所示，将热牛奶边搅拌边加入牛奶鸡蛋液体中，如图5-3-12所示；加入淡奶油混合均匀，如图5-3-13所示，混合均匀后，过筛去除颗粒，如图5-3-14所示；将布丁液倒入布丁杯中约七成满，如图5-3-15所示。

图5-3-6　准备原料

图5-3-7　加热熔化

图5-3-8　加入热水，煮成焦糖汁

图5-3-9　装入布丁杯中

图5-3-10　蛋黄、鸡蛋、细砂糖、牛奶轻拌混合

图5-3-11　将剩余的牛奶加热至沸腾

图5-3-12　将热牛奶边搅拌边加入牛奶鸡蛋液体中

图5-3-13　加入淡奶油混合均匀

（4）布丁放入烤箱中，用上火160℃、下火180℃水浴烤约30分钟，至表面无液体状取出，如图5-3-16所示。待冷却后，倒扣到盘上即可，如图5-3-17所示。

图5-3-14　过筛去除颗粒

图5-3-15　将布丁液倒入布丁杯中约七成满

图5-3-16　烘烤

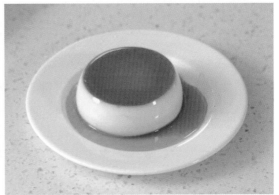

图5-3-17　待冷却后，倒扣到盘上即可

（四）制作关键

（1）混合热牛奶时要充分搅拌混合，使布丁液半熟状，避免烘烤时材料沉淀分离。

（2）烘烤时不可长时间烘烤，否则会产生蜂窝孔状。

（五）成品标准

（1）焦糖色泽透亮，外观光滑饱满。

（2）焦糖味厚重，口感滑嫩，味道香甜而不腻。

任务拓展

按照表5-3-2所列的原料、制作流程，制作焦糖烤布蕾和南瓜布丁。

表5-3-2　制作焦糖烤布蕾和南瓜布丁一览表

焦糖烤布蕾	南瓜布丁（免烤）
原料： 牛奶300g，白糖120g，香草夹1支，鸡蛋200g，蛋黄80g，淡奶油300g，红糖60g	原料： 吉利丁片6g，牛奶150g，淡奶油150g，白糖50g，蒸熟南瓜泥200g

（续表）

焦糖烤布蕾	南瓜布丁（免烤）
制作流程： 1. 把香草夹的籽与牛奶、白糖放入锅中煮沸后冷却； 2. 加入鸡蛋和蛋黄，混合均匀后过滤； 3. 加入淡奶油混合后装入舒芙蕾杯子（瓷皿）8分满； 4. 放入烤箱，用上火160℃、下火150℃水浴法烤约40分钟； 5. 出炉冷却后在杯子表面均匀撒上红糖，用喷火枪焦化红糖即可	制作流程： 1. 吉利丁片泡冰水待用； 2. 牛奶、白糖、淡奶油加热至糖溶解，离火； 3. 将混合液体与蒸熟的南瓜泥一起放入料理机搅拌，过筛； 4. 吉利丁片隔热水熔化后倒入混合液中搅拌均匀。 5. 装入布丁容器，放入冰箱中冷藏45分钟至凝固即可
制作关键： 1. 混合鸡蛋和蛋黄后过滤，口感更佳； 2. 选用耐高温的瓷皿容器	制作关键： 1. 搅拌好的混合液需要过筛； 2. 加入吉利丁溶液时，南瓜混合液温度不宜过低，避免吉利丁溶液加入后凝固

任务评价

学生完成任务后，按照表5-3-3所列的评价要求，开展自评、互评，教师和企业导师根据学生制作的情况给以评价，并填入表5-3-3中。

表5-3-3　制作焦糖布丁任务评价表

任务名称	焦糖布丁	班级		姓名		
评价内容	评价要求	评价是/否	学生自评	小组互评	教师评价	企业导师评价
制作准备	职业着装是否符合标准：帽子端正、工装整洁、头发不露出帽子	是/否				
	原料是否按照数量备齐	是/否				
	操作工具是否按照种类、数量备齐	是/否				
制作过程	制作焦糖汁：是否将白糖煮制成焦糖色	是/否				
	是否将焦糖汁稍冷却后，在模具中装入10g	是/否				
	制作布丁液：是否将白糖轻拌混合至熔化	是/否				
	是否将热牛奶边搅拌边加入牛奶鸡蛋液体中	是/否				
	装瓶：布丁液要装入模具中约七成满	是/否				
	烤制：放进烤箱，用上火160℃、下火180℃水浴法烤约30分钟，至表面无液体状取出	是/否				
卫生	操作工具干净整洁，无污渍	是/否				
	操作工位案台干净整洁，无杂物	是/否				
	成品器皿干净卫生，无异物	是/否				
成品质量	焦糖色泽透亮，外观光滑饱满	是/否				
	焦糖味厚重，口感滑嫩，味道香甜而不腻	是/否				
评价（合格/不合格） （全部为"是"则合格，有一项为"否"则不合格）						

岗课赛证

　　焦糖布丁是西餐常见的餐后甜点，甜而不腻的口感、大小适宜的体积和精美的盛装容器而备受顾客喜爱。通过制作一道精美诱人的焦糖布丁，能更好的满足顾客的需要。

巩固提升

一、选择题

1. "布丁"是英文pudding的音译，中文意译为"奶冻"，是一种（　　）的冷冻甜品，主要材料为鸡蛋和奶油，类似果冻。

A. 固状全凝　　B. 稠状　　　　C. 冰冻状　　　　D. 半凝固状

2. 一般蒸烤牛奶布丁，选用的黏稠原料为（　　）。

A. 鸡蛋　　　B. 吉利丁　　　C. 玉米淀粉　　　D. 果胶

3. 调制焦糖汁，熬糖时不宜使用（　　）。

A. 铁锅　　　B. 不锈钢锅　　C. 铝锅　　　　　D. 砂锅

4. 鸡蛋在焦糖布丁中，除提高营养价值和品质外，还有（　　）的作用。

A. 容易上色　　B. 防腐　　　C. 凝固　　　　　D. 溶解

二、思考题

1. 为什么焦糖布丁烘烤出炉后，内部会有蜂窝状的气孔，如何操作才会避免？

2. 虽然制作焦糖布丁的食材非常简单，但是食材的质量对于布丁的味道和口感至关重要，如何选择食材才能保证焦糖布丁的出品质量呢？

微课19 芒果班戟

任务（四） 制作芒果班戟

任务情境

几位来自泰国的访客到酒店进行交流活动，为了更好地拉近距离，开展交流，酒店行政部门向西饼房发来订单，制作6人份的芒果班戟。琪琪勇于担当，接下了工作任务。

任务目标与要求

制作芒果班戟的任务目标与要求见表5-4-1所列。

表5-4-1 制作芒果班戟的任务目标与要求

工作任务	制作6人份的芒果班戟
任务目标	1. 掌握班戟面糊的调制方法； 2. 掌握面糊煎制成熟的技巧； 3. 学会判断鲜奶油打发程度； 4. 懂得灵活运用班戟皮制作创新甜点； 5. 能够结合本地食材和包含习惯，创新芒果班戟
任务要求	1. 按照正确的投料顺序，用搅拌的方法调制班戟面糊； 2. 班戟面糊无气泡、无颗粒； 3. 中小火煎制班戟皮，表面光滑，色泽微黄； 4. 奶油搅打至坚挺状态，即呈小尖峰无弯钩状； 5. 成品馅心居中、外形方正、装饰美观； 6. 个人独立完成任务； 7. 操作过程符合职业素养要求和安全操作规范； 8. 产品达到企业标准，符合食品卫生要求

知识准备

班戟是pancake的英语音译，是一种以面糊在烤盘或平底锅材料上烹饪制成的薄扁状饼，又称薄煎饼、热香饼。美式班戟以面粉、鸡蛋和牛奶为关键材料；英式班戟与法式点心可丽饼相像，但没有装饰性的花边图案。班戟是西方人很喜欢的甜品，但经过改良，在我国已经成为一种经典的港式甜品。香港西点师将班戟和芒果、榴莲等水果完美的结合在一起，水果的香甜，奶油的软滑，加上香嫩的薄饼，让人欲罢不能。

一、原料知识

（一）牛奶

一般指日常生活中的纯牛奶。牛奶（图5-4-1）是西点中的优质原料，牛奶中含有87.5%的水、3.65%的油脂、3.40%的蛋白质、4.75%的乳糖及0.70%的微量元素（包括钾、钙、氯、钠、磷、

图5-4-1 牛奶

镁、硫），具有很高的营养价值。

（二）芒果

芒果（图5-4-2）果实的营养价值极高，维生素A含量高达3.8%，维生素C的含量也超过橘子、草莓。芒果中含有人体所必需的糖、蛋白质及钙、磷、铁等营养成分。芒果除食用外，具有极大的药用价值，其果皮也可入药。

图5-4-2　芒果

二、煎制方法、技巧

（一）煎制方法

（1）把所有材料按顺序添加混合，用蛋抽搅拌均匀，网筛过滤。

（2）平底锅预热至80℃左右，盛一汤勺面糊平铺在平底锅，火不要太大，一边煎一边把面饼摊薄摊圆，煎到整个面饼中间略起小泡、四周起皮即可。

（3）平底锅微凉后，用一根牙签挑起班戟皮的边缘抢一圈，然后把班戟皮从锅中揭下来即可。

（4）揭下的班戟皮的煎面朝上放置在圆盘中，用油纸或保鲜袋将每一片饼皮隔离，放入冰箱中冷藏半小时即可。

（二）煎制技巧

（1）煎的时候要用小火，大火温度太高，会导致班戟皮出现气孔。

（2）煎的时候，可准备一条湿毛巾或一盆水，每次煎好一张皮，擦一下不粘锅，若出现"嗞嗞"声，说明温度过高，要等稍微凉一些之后再操作。

（3）包的时候，奶油不要一下子放太多，以免不好操作。包好之后，放入冰箱中冷藏2小时之后再食用，味道更好。

三、班戟的保存

班戟保存的时间非常的短，做好的班戟一定要用保鲜膜密封起来，然后放到冰箱冷藏柜里进行冷藏。冷藏时间不宜超过6个小时，尽量一天以内食用完。

任务实施

一、原料配方

鸡蛋300g，细砂糖100g，牛奶600mL，低筋面粉160g，黄油30g，芒果肉150g，淡奶油30g。

二、制作过程

（一）工具准备

电子秤、软刮刀、拌料盆、平底锅、打蛋抽、搅拌机、裱花袋、水果刀面粉筛、手持打蛋器。

（二）工艺流程

准备原料→调制班戟面糊→煎制面皮→成型→装盘。

（三）制作步骤

（1）准备原料，如图5-4-3所示。

（2）鸡蛋和细砂糖放入拌料盆中，轻拌至细砂糖完全溶解；加入250g牛奶，轻拌，如图5-4-4所示；加入过筛后的低筋面粉搅拌成面糊，如图5-4-5所示；将350mL牛奶混合到面糊中，搅拌均匀，如图5-4-6所示；加入熔化的黄油，继续搅拌，如图5-4-7所示；混合均匀后过筛，滤除其中的气泡和颗粒。

（3）平底锅加热至约80℃，舀入一勺面糊，转动平底锅使面糊摊平，小火煎制班戟面皮至表面金黄，取出面皮放凉待用，如图5-4-8所示。

（4）将班戟面皮不光滑的一面向上，挤上适量打发的奶油，如图5-4-9所示；放入芒果

图5-4-3 准备原料

图5-4-4 混合材料

图5-4-5 加入面粉拌成面糊

图5-4-6 加入牛奶

图5-4-7 加入熔化的黄油，拌至均匀

图5-4-8 煎制班戟面坯

肉，如图5-4-10所示；再挤上适量打发的奶油，如图5-4-11所示；用面皮包裹放入的馅料，如图5-4-12所示。

（5）装盘，芒果班戟如图5-4-13所示。

图5-4-9　挤上打发奶油

图5-4-10　中间放入芒果肉

图5-4-11　再挤上适量打发的奶油

图5-4-12　用面皮包裹放入的馅料

图5-4-13　芒果班戟

（四）制作关键

（1）调制面糊后过筛，过滤掉未混合均匀的原料。

（2）煎制时，平底锅温度不宜过高，以免面糊不能摊平造成面皮厚薄不均匀。

（3）包裹馅料时，每个馅料的重量要一致，避免成品大小不一。

（五）成品标准

（1）成品面皮厚薄均匀，大小一致，呈金黄色。

（2）口感细腻，芒果与奶油的混合具有独特的风味。

任务拓展

按照表5-4-2所列的原料、制作流程，制作抹茶毛巾卷和榴莲千层。

表5-4-2　制作抹茶毛巾卷和榴莲千层一览表

抹茶毛巾卷	榴莲千层
原料： 1. 面皮：细砂糖90g，鸡蛋150g，牛奶500g，低筋面粉110g，玉米淀粉100g，抹茶粉5g，熔化黄油30g； 2. 馅料：淡奶油400g，细砂糖32g，红蜜豆100g	原料： 细砂糖90g，鸡蛋150g，牛奶500g，低筋面粉215g，熔化黄油30g，榴莲肉150g，牛奶30g，打发奶油150g
制作流程： 1. 细砂糖、鸡蛋、牛奶混合拌匀，加入过筛后的低筋面粉、玉米淀粉和抹茶粉拌成面糊，用密筛过滤； 2. 加入熔化后的黄油充分搅拌均匀，放入冰箱中冷藏30分钟，待用； 3. 淡奶油和细砂糖打发，待用； 4. 用8寸平底锅将面糊煎成面皮，晾凉； 5. 将3片面皮平铺在案台上，每片约有2cm的重叠，在面皮中间涂抹淡奶油，均匀撒上红蜜豆，奶油旁边的面皮向内折约1cm，然后卷起； 6. 制作好后放入冰箱中冷藏1小时后可装盘	制作流程： 1. 细砂糖、鸡蛋、牛奶混合拌匀，加入低筋面粉搅拌成面糊，用密筛过滤； 2. 加入熔化后的黄油充分搅拌均匀，放入冰箱半冷藏30分钟，待用； 3. 榴莲肉、牛奶放入打蛋机中速搅拌均匀成榴莲馅； 4. 用8寸平底锅将面糊煎成面皮，晾凉待用； 5. 在面皮表面涂抹上奶油，再盖上另一层面皮，以此操作每四层放一层榴莲馅，榴莲馅放3次； 6. 将做好的成品放入冰箱中冷藏1小时后可切件装盘
制作关键： 1. 煎制时，平底锅温度不宜过高，以免面糊不能摊平造成面皮厚薄不均匀； 2. 成品完成后可放入冰箱中冷藏，这样易于切件，口感也会更佳	制作关键： 1. 煎制时，平底锅温度不宜过高，以免面糊不能摊平造成面皮厚薄不均匀； 2. 涂抹的奶油和榴莲馅放量均匀，避免成品高低不一

任务评价

学生完成任务后，按照表5-4-3所列的评价要求，开展自评、互评，教师和企业导师根据学生制作的情况给以评价，并填入表5-4-3。

表5-4-3　制作芒果班戟评价表

任务名称	芒果班戟		班级		姓名		
评价内容	评价要求	评价（是/否）	学生自评	小组互评	教师评价	企业导师评价	
制作准备	职业着装是否符合标准：帽子端正、工装整洁、头发不露出帽子	是/否					
	原料是否按照数量备齐	是/否					
	操作工具是否按照种类、数量备齐	是/否					

（续表）

评价内容	评价要求	评价（是/否）	学生自评	小组互评	教师评价	企业导师评价
制作过程	是否将鸡蛋和细砂糖放入拌料盒中，轻拌至细砂糖完全溶解，加入250g牛奶，继续轻拌	是/否				
	是否将过筛后的低筋面粉倒入蛋液中拌成面糊	是/否				
	是否将熔化的黄油倒入面糊中	是/否				
	是否将牛奶分次加入	是/否				
	煎制：煎制的班戟面坯是否成熟，色泽金黄、没有焦糊	是/否				
	包制成型：包制后馅料是否不漏馅	是/否				
卫生	操作工具干净整洁，无污渍	是/否				
	操作工位案台干净整洁，无杂物	是/否				
	成品器皿干净卫生，无异物	是/否				
成品质量	成品面皮厚薄均匀，大小一致，呈金黄色	是/否				
	口感细腻，芒果与奶油的混合具有独特的风味	是/否				
评价（合格/不合格） （全部为"是"则合格，有一项为"否"则不合格）						

岗课赛证

芒果班戟作为西式网红甜点，口味丰富，造型独特，颜色种类多样，深受大众的喜爱。制作芒果班戟需要重点掌握面皮的制作和馅料的包制，通过改良与创新制作热门网红产品，可以创造出适合本地市场的产品。

巩固提升

一、选择题

1. 班戟（pancake）也称作法式薄饼，主要制作的原料有（　　）。

A. 低筋面粉、鸡蛋、牛奶、黄油、白糖

B. 玉米淀粉、鸡蛋、牛奶、黄油、白糖

C. 低筋面粉、水、牛奶、鸡蛋、白糖

D. 高筋面粉、鸡蛋、牛奶、黄油、白糖

2. 制作班戟时，使用（　　）煎制更适宜。

A. 砂锅　　　　　　　　　　B. 平底不粘锅

C. 铁锅　　　　　　　　　　D. 炒锅

3. 下面制作班戟错误的方法是（　　）。

A. 面糊调制好后过筛，放置冷藏冰箱后再煎制

B. 班戟用平底锅小火慢煎至成熟

C. 煎好的面坯冷却后再包裹馅料

D. 水果馅的班戟可选水份较多的水果

4. 制作好的水果班戟或千层班戟（　　）更易切割且切口更平整。

A. 冷冻3小时后　　　　　　　　　　B. 冷藏2小时后

C. 常温放置10分钟后　　　　　　　　D. 加热10分钟后

二、思考题

1. 水果班戟除了芒果、榴莲，还能使用哪些水果来制作馅料？

2. 在芒果班戟制作中如何与民族特色相结合，进行创新创意制作？